中国第1～第4次北极科学考察
北极上层海洋生态基础要素图集

何剑锋　史久新　张光涛　李宏亮　杨伟锋　编著

U0312912

海洋出版社

2017年·北京

图书在版编目（CIP）数据

中国第1-第4次北极科学考察北极上层海洋生态基础要素图集 /
何剑锋, 史久新, 张光涛编著. —北京 :海洋出版社, 2017.11
　ISBN 978-7-5027-9944-1

　Ⅰ. ①中… Ⅱ. ①何… ②史… ③张… Ⅲ. ①北极－海洋环境－科
学考察－中国－图集②北极－海洋浮游生物－生态系统－科学考
察－中国－图集 Ⅳ. ①X145-64 ②Q178.53-64

　中国版本图书馆CIP数据核字(2017)第246497号

责任编辑：白　燕
责任印制：赵麟苏

海洋出版社出版发行

http://www.oceanpress.com.cn

北京市海淀区大慧寺路 8 号　　邮编：100081
北京文昌阁彩色印刷有限公司印刷　　新华书店北京发行所经销
2017年12月第1版　　2017年12月第1次印刷
开本：889mm×1194mm　　1／16　　印张：9.5
字数：254千字　　定价：80.00元
发行部：62132549　　邮购部：68038093
海洋版图书印、装错误可随时退换

前　言

　　海冰是北冰洋最为重要的物理特征之一。在漫长的演化过程中，北冰洋依托海冰蕴育了一个适应冰区环境的极端生态系统。近年来，北极海冰的快速变化对生态系统产生了深远的影响。北极海洋生态系统及其对海冰快速变化的响应是我国历次北极科学考察的重点内容之一。为了更好地对北极海洋环境和浮游生态系统的年际变化有一个更为直观的了解，我们系统地整理了中国首次（1999 年）、第 2 次（2003 年）、第 3 次（2008 年）和第 4 次（2010 年）北极科学考察海水温度、盐度、溶解氧、五项营养盐、海水 ^{18}O、叶绿素、浮游生物群落生物量等生态环境基础数据，并在此基础上编制了《中国第 1 ～ 第 4 次北极科学考察北极上层海洋生态基础要素图集》。本图集由 5 个章节组成，第 1 章为概述，对历次北极科学考察及站位情况进行了介绍，其余各章为第 1 ～ 第 4 次考察断面设置图及各断面基础要素剖面图。鉴于初级产量主要集中在上表层，我们集中对 0 ～ 150 m 上表层基础要素进行制图。断面涉及的海域包括白令海、楚科奇海、波弗特海及加拿大海盆（含楚科奇海台）。

　　本图集由全球变化与海气相互作用专项和海洋公益性行业科研专项经费项目资助，中国极地研究中心何剑锋研究员牵头，中国海洋大学史久新教授、中科院海洋研究所张光涛研究员、国家海洋局第二海洋研究所李宏亮副研究员、厦门大学杨伟锋副教授参与编制。在图集准备过程中，杨鹏、曹勇、宋朋洋、张树刚和徐志强等参与数据处理和图件绘制，在此对他们的辛勤付出表示衷心感谢！

　　本图集所包含的表格和图件已经仔细核对，但难免存在错误，望各位读者不吝赐教。

编　者

2017 年 10 月 20 日

目　录

中国第 1 ～ 第 4 次北极 科学考察概况 **1**

1.1　中国北极科学考察总体目标

阐明北极基础环境特征，掌握北极环境变化及其生态和气候效应，提示北极气候变化对我国气候影响机理，服务国家需求和权益维护。

1.2　历次北极科学考察概况

中国首次北极科学考察于 1999 年 7 月 1 日至 9 月 9 日实施，历时 71 天，航程 14 113 n mile。本次考察由"雪龙"号科考破冰船执行，从上海出发，途经东海、日本海、鄂霍次克海、西北太平洋、白令海，进入北冰洋的楚科奇海。由于北冰洋海冰冰情较重，先折返白令海，后重返北冰洋作业；返航时经楚科奇海、白令海、日本海和东海，到达上海。海洋考察主要观测海域为白令海和楚科奇海，开展了物理海洋学、海洋地质学、海洋化学、同位素海洋学、海洋生物学与生态学、海洋渔业资源等学科的考察。

中国第 2 次北极科学考察于 2003 年 7 月 15 日至 9 月 26 日实施，历时 74 天，航程 14 188 n mile。本次考察由雪龙号考察船执行，从大连出发，途经渤海、黄海、东海、日本海、鄂霍次克海、白令海和楚科奇海，到达加拿大海盆；返航时经楚科奇海、白令海、日本海和东海，到达上海。海洋考察主要观测海域为白令海、楚科奇海、波弗特海和加拿大海盆，开展了物理海洋学、海洋地质学、海洋化学、海洋生物学等学科的考察。

中国第 3 次北极科学考察于 2008 年 7 月 11 日至 9 月 24 日实施，历时 76 天，航程 12 000 n mile。本次考察由"雪龙"号考察船执行，以白令海、楚科奇海、波弗特海和加拿大海盆为重点考察区域。海洋考察开展了物理海洋学、海洋化学、生物海洋学、地质与地球物理学等学科的考察。

中国第 4 次北极科学考察于 2010 年 7 月 1 日至 9 月 20 日实施，历时 82 天，航程 12 600 n mile。本次考察由"雪龙"号考察船执行，考察区域从白令海、楚科奇海、波弗特海和加拿大海盆，直至马可罗夫海盆。"雪龙"号考察船和直升机分别抵达 88° 26′ N 和 90° N 的站点。

各考察航次开展的物理海洋学观测项目主要包括：CTD/LADCP 剖面观测、XBT/XCTD 剖面观测、走航表层温盐观测；海洋化学观测项目主要包括：溶解氧、pH、营养盐；海洋生物学观测项目主要包括：叶绿素、浮游细菌、浮游植物和浮游动物。

1.3 考察海域及站位设置

1.3.1 CTD 站位设置

中国首次北极科学考察区域主要集中在白令海盆和楚科奇海陆架区（见图 1-1），共设置 77 个 CTD 站位，其中白令海 45 个站位（包括岛链附近 3 个站位）、楚科奇海 32 个站位。站位详细信息见附件 2。

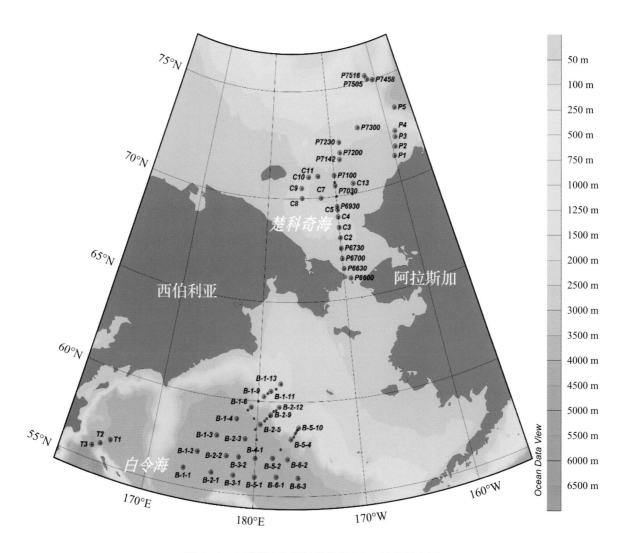

图 1-1 中国首次北极科学考察 CTD 站位示意图

　　中国第 2 次北极科学考察主要集中在楚科奇海和加拿大海盆（楚科奇海台），白令海仅保留了海盆区的 BR 断面以及位于白令海峡口的 BS 断面，共设 CTD 考察站位 126 个（见图 1-2）。站位的详细信息见附件 3。

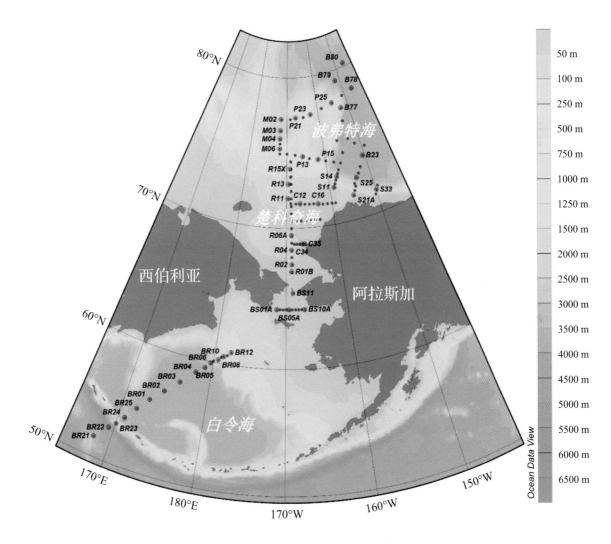

图 1-2　中国第 2 次北极科学考察 CTD 站位示意图

　　中国第 3 次北极科学考察主要集中在白令海、楚科奇海和加拿大海盆，共设 CTD 考察站位 120 个（见图 1-3）。站位的详细信息见附件 4。

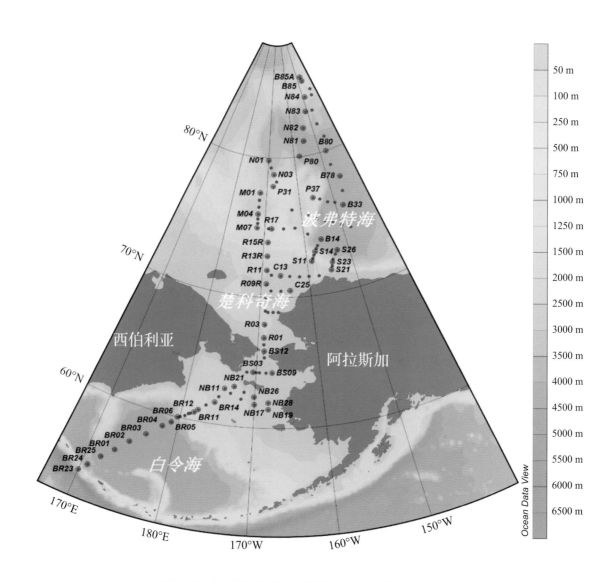

图 1-3　中国第 3 次北极科学考察 CTD 站位示意图

中国第 4 次北极科学考察基本沿用我国前 3 次北极考察的路线，考察海区包括白令海、楚科奇海和加拿大海盆。考察共设定调查站位 126 个（包括重复站位，不包括机动站位）（见图 1-4）。站位的详细信息见附件 5。

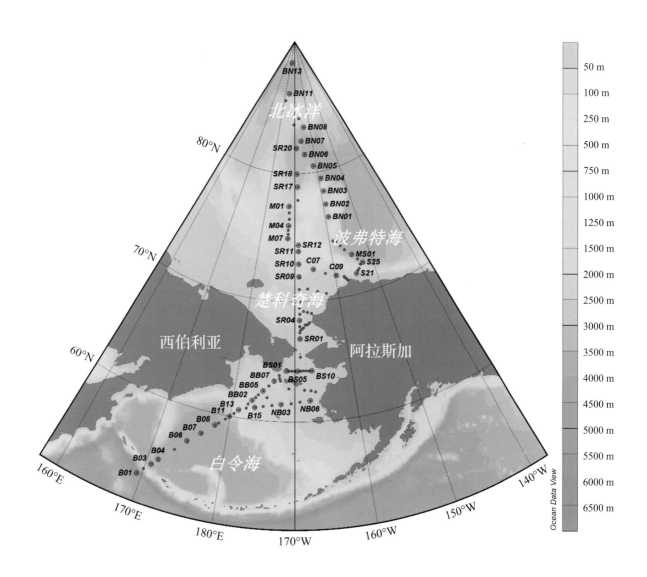

图 1-4　中国第 4 次北极科学考察 CTD 站位示意图

1.3.2 浮游动物采样站位设置

中国第 2 次北极科学考察主要包括白令海、楚科奇海和加拿大海盆，其中浮游动物考察站位共设 56 个（见图 1-5）。站位的详细信息和浮游动物物种名见附件 6 和附件 7。

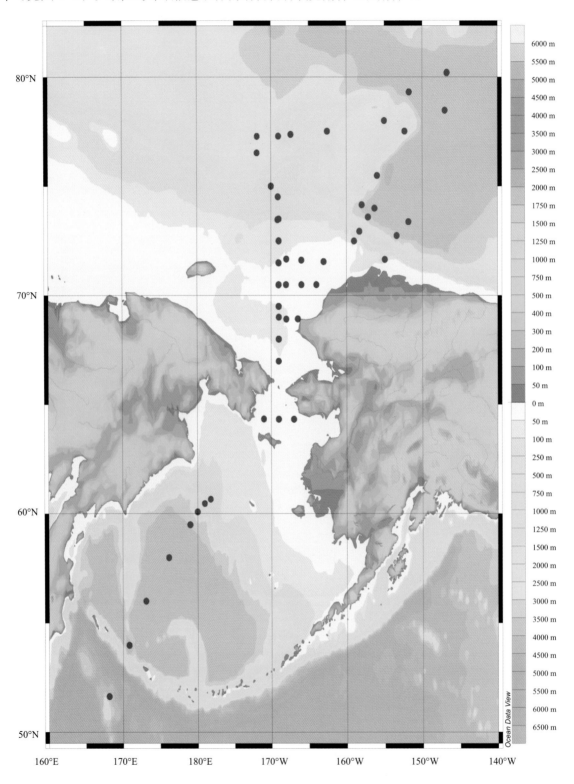

图 1-5 中国第 2 次北极科学考察浮游动物采样站位示意图

中国第 3 次北极科学考察主要集中在楚科奇海和加拿大海盆，白令海只保留部分海盆区及白令海峡口，共设浮游动物考察站位 75 个（见图 1-6）。站位的详细信息和浮游动物物种名见附件 8 和附件 9。

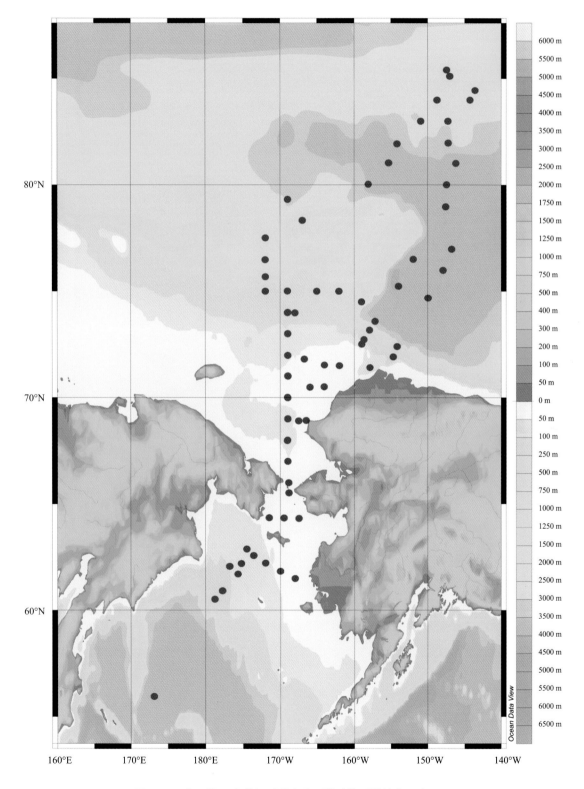

图 1-6　中国第 3 次北极科学考察浮游动物采样站位示意图

中国第4次北极科学考察包括了白令海、楚科奇海和加拿大海盆，共设浮游动物考察站位45个（见图 1-7）。站位的详细信息和浮游动物物种名见附件 10 和附件 11。

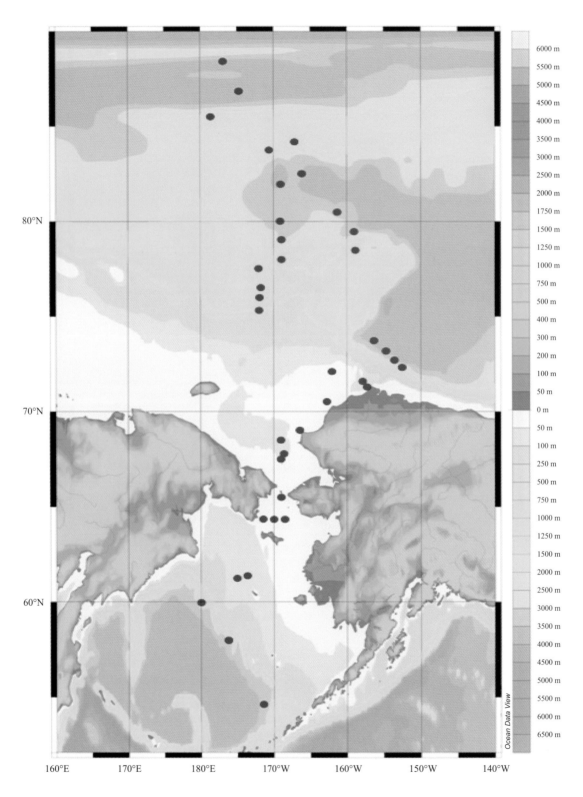

图 1-7　中国第 4 次北极科学考察浮游动物采样站位示意图

1.4 数据采集与处理方法

中国首次和第 2 次北极科学考察所用的 CTD 为 MRK3 型 CTD，具体技术参数见表 1-1；从中国第 3 次北极科学考察开始采用了 SBE 911 plus CTD 作业，具体技术参数见表 1-2。

表 1-1 MRK3 型 CTD 技术性能

传感器	电导率（S/m）	温度（℃）	压力（psia）
测量范围	1 ~ 6.5	−3 ~ 32	0 ~ 6500
准确度	0.0001	0.0005	0.0015%FS
分辨率	0.0003	0.003	0.03%FS

表 1-2 SBE 911 plus CTD 技术性能

传感器	电导率（S/m）	温度（℃）	压力（psia*）
测量范围	0 ~ 7	−5 ~ 35	0 ~ 10000
准确度	0.0003	0.001	0.015%FS
稳定度（每月）	0.0003	0.0002	0.0015%FS
分辨率	0.00004	0.0002	0.001%FS
响应时间（s）	0.065	0.065	0.015

*psia 是仪器生产厂家常用的压强计量单位，是 "Pound Per Squre Inch Absolute" 的缩写，表示 "磅／英寸²"（绝对值），1 psia=6895 Pa=0.06895 BAR。

温、盐：中国首次和第 2 次北极科学考察采用 Mark III 型 CTD，由于设备较为陈旧，原始数据中有较多不规则毛刺，不能用设备配置的标准程序进行处理，编程剔除了毛刺，进而进行平均和内插得到压强间隔为 1 db 的温度和盐度数据。第 3 次和第 4 次北极考察采用 SBE 911 plus CTD，在航次前后对仪器进行了标定，然后利用仪器所配的标准处理程序进行处理，得到压强间隔为 1 db 的温度和盐度数据。在绘制本图集时，利用 ODV 软件，由压强计算深度，进而绘制断面图。

营养盐：通过同一根乳胶管在聚丙烯塑料瓶采集营养盐水样约 500 mL，采集前用少量水样冲洗该采样瓶 2 ~ 3 次。水样采集后立即经 0.45 μm 醋酸纤维膜过滤，滤液分装于 100 mL 的塑料瓶并存放于 0.5℃ 的恒温冰箱用于磷酸盐、（硝酸盐＋亚硝酸盐）和硅酸盐的测定，水样在 48 h 内分析测定。铵盐水样过滤后立即加试剂显色，亚硝酸盐水样低温保存并确保在 24 h 之内测定。第 1 次和第 2 次北极科学考察中海水中磷酸盐（硝酸盐＋亚硝酸盐）和硅酸盐以及铵盐和亚硝酸盐的测定都采用分光光度计现场测定，其方法分别为磷钼蓝法、重氮－偶氮法、硅钼蓝法以及靛酚蓝法，详见我国《海洋调查规范》。第 3 次和第 4 次北极科学考察时海水中磷酸盐（硝酸盐＋亚硝酸盐）和硅酸盐的测定采用营养盐自动分析仪现场测定，其方法分别为磷钼蓝法、铜镉柱还原法和硅钼蓝法。详见 Grasshoff 等（1999）出版的《Methods of Seawater Analysis》和 SKALAR SAN++ 营养盐自动分析仪操作手册。海水中的铵盐和亚硝酸盐分别用靛酚蓝法和重氮－偶氮法测定，详见我国《海洋调查规范》。另外，使用的主要化学分析设备详见表1-3。

表 1-3　样品过滤和分析设备一览表

类别	名称	型号	技术指标	用途
采样设备	真空泵	美国 GAST DOA-P504-BN	最高压力可达 60 psia，最高真空度可达 −81KPA	现场过滤生物地球化学样品
分析设备	溶解氧自动滴定仪	瑞士 Mettler Toledo T50	步进电机驱动 滴定管体积 10 mL	现场测定水体 DO 含量
	营养盐自动分析仪	荷兰 Skalar ,San ++	PO_4^{3-}、SiO_3^{2-} 和（NO_3^-+NO_2^-）的测定范围分别是 0.01 ～ 3.5、0.03 ～ 250 和 0.03 ～ 50（μmol/L）	测定水体硝酸盐、硅酸盐和磷酸盐含量
	紫外－可见分光光度计	上海精科 UV765	波长范围：190 ～ 1100 nm；波长准确度：±0.5 nm；透射比准确度：±0.3% T	测定水体氨盐含量
	紫外－可见分光光度计	日本岛津 UV-1206	波长范围：190 ～ 850 nm；波长准确度：±0.5 nm；透射比准确度：±0.3% T	测定水体亚硝酸盐含量
	紫外－可见分光光度计	上海精科 7230G	波长范围：330 ～ 900 nm；波长准确度：±1 nm；透射比准确度：±0.8% T	测定水体硝酸盐、硅酸盐、磷酸盐、氨盐、亚硝酸盐含量
	流式细胞仪	美国 BD 公司 FACS Calibur	双激光立体空间激发方式实现四色荧光分析；检测颗粒大小：0.1 ～ 50 μm；最少样本体积：100 μL	测定浮游细菌、微微型浮游植物丰度

溶解氧 DO：溶解氧 DO 按《海洋调查规范——海水化学要素观测》使用碘量法测定。第3次和第4次北极科学考察航次中采用自动电位滴定仪分析，其主要特点是终点判断准确，滴定精度高，重现性好，且比传统手工滴定省力。

^{18}O 同位素：首次北极科学考察中海水样品由 CTD-Rosette 采水器在各站位不同深度采集，按照气体样品采集要求将 50 mL PE 瓶充满并溢出 25 ～ 30 mL，旋紧瓶盖，然后蜡封，带回同位素实验室进行预处理和海水 ^{18}O 同位素分析。将水样与高纯 CO_2 通过火焰熔封于玻璃平衡球内，同位素交换达到平衡后，在真空系统中将 CO_2 转移至样品管，然后用 VG SIRA-24 型气体同位素质谱仪测量样品中的 ^{18}O。分析中采用国际标准物质 IAEA V-SMOW，给出相对于 V-SMOW 的 δ^{18}O 值，分析精度在 ±0.1‰以内。第2、第3、第4次北极科学考察中海水样品由 CTD-Rosette 采水器在各站位不同深度采集，按照气体样品采集要求将 50 mL PE 瓶充满并溢出 25 ～ 30 mL，旋紧瓶盖，然后用封口膜密封保存，带回陆地实验室进行海水 ^{18}O 同位素分析。海水采用恒温（25℃）下 CO_2-H_2O 平衡法进行样品预处理。向密封海水中充入 CO_2 气体，25℃下同位素达到交换平衡后，利用 Finnigan Delta^{plus} XP 稳定同位素比值质谱仪测量平衡后的 $^{46}CO_2$ 和 $^{45}CO_2$，获得海水中 δ^{18}O 值。分析中采用

IAEA V-SMOW 标准物质，分析精度在 ±0.02‰以内。

叶绿素 a：叶绿素 a 的分析采用《海洋调查规范》中的荧光法，使用直径为 47 mm，孔径 0.7 μm Whatman GF/F 玻璃纤维滤膜过滤，而后用 90% 丙酮萃取，在 −20℃冰箱中萃取 24 h 后，萃取液在唐纳荧光计 10 AU 上测定。

浮游细菌和微微型浮游植物：浮游细菌和微微型浮游植物野外取样使用 CTD 携带的采水器，海水样品用 0.2 μm 的滤膜过滤，收集的浮游生物连同滤膜一起，冻存于 −80℃超低温冰箱。所有浮游细菌和微微型浮游植物的丰度计算是采用 DAPI 染色 Nikon Eclipse Boi 型倒置荧光显微镜和 BD Calibur 流式细胞仪进行测定。调查站位分布图、浮游细菌和微微型浮游植物丰度分布图均使用软件 Ocean Date View（ODV）制作。

浮游动物：浮游动物野外取样使用标准的北太平洋分层网（网口面积 0.5 m²，网目 330 μm，网长 1.8 m）对浮游动物进行 200 m 至表层的拖网（0.5 m/s），水深不足 200 m 的站位垂直拖取底上 2 m 至表层的水体。取样完成以后加入体积百分比为 4% 的甲醛溶液保存。所有浮游动物种类的鉴定和计数都是在解剖镜（Nikon，SMZ645）下完成。大型浮游动物计数全样（前体长＞2 mm），个体较小的种类（前体长≤2 mm）则按照样品量的大小进行 1/2 至 32/1 不等的分样后再进行鉴定和计数。浮游动物的丰度为单位体积海水中所含有该种（类）的个数（ind/m³），某个站位的浮游动物总丰度为该站所出现的所有浮游动物种类丰度的总和。调查站位分布图、浮游动物丰度分布图均使用软件 Ocean Date View（ODV）制作。

2 中国首次北极科学考察生态要素断面

2.1 白令海基础要素断面图

2.1.1 白令海断面设置

白令海共设有 3 条平行的、从海盆至陆坡的经向大断面,对 B1、B2、B5 三条经向断面和 BB 纬向断面做图,见图 2-1。其中:

(1) B1 断面包括:B-1-1、B-1-2、B-1-3、B-1-4、B-1-5、B-1-6、B-1-7、B-1-8、B-1-9、B-1-10、B-1-11、B-1-12、B-1-13,共 13 个观测站位;

(2) B2 断面包括:B-2-1、B-2-2、B-2-3、B-2-4、B-2-5、B-2-6、B-2-7、B-2-8、B-2-9、B-2-10、B-2-11、B-2-12,共 12 个观测站位;

(3) B5 断面包括:B-5-1、B-5-2、B-5-3、B-5-4、B-5-5、B-5-6、B-5-7、B-5-8、B-5-9、B-5-10,共 10 个观测站位;

(4) BB 断面包括:B-1-1、B-2-1、B-3-1、B-4-1、B-5-1、B-6-1、B-6-3,共 7 个观测站位。

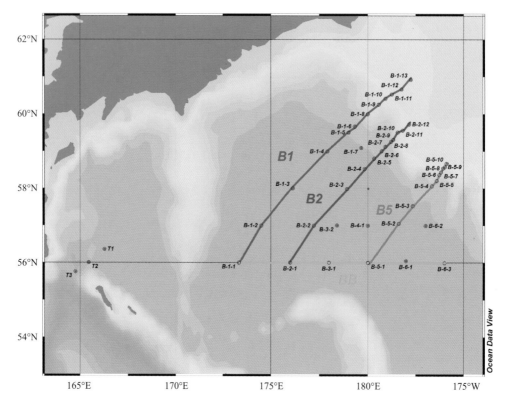

图 2-1 中国首次北极科学考察白令海断面观测站位示意图

2.1.2 白令海 B1 断面

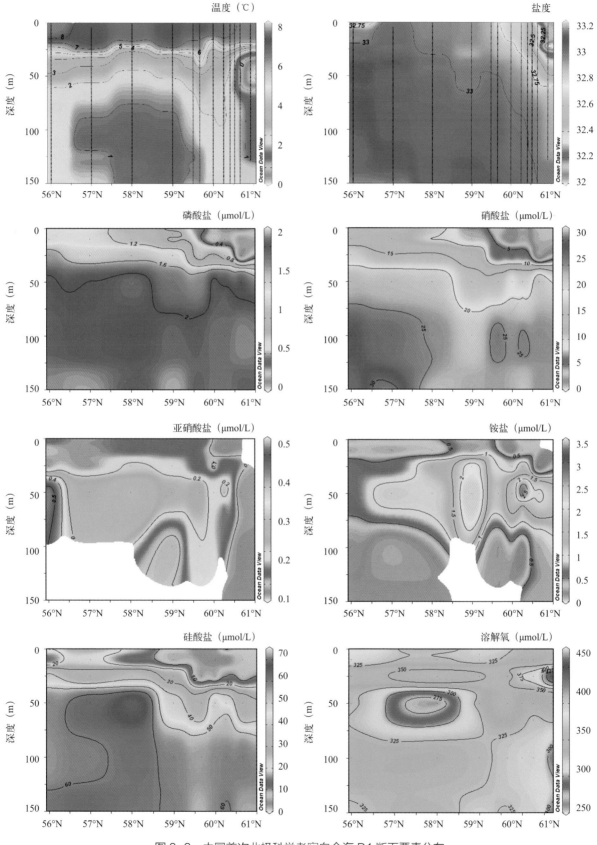

图 2-2　中国首次北极科学考察白令海 B1 断面要素分布

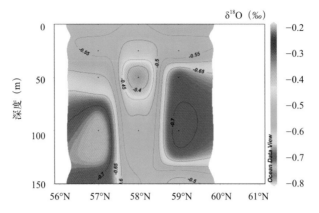

图 2-2　中国首次北极科学考察白令海 B1 断面要素分布（续）

2.1.3　白令海 B2 断面

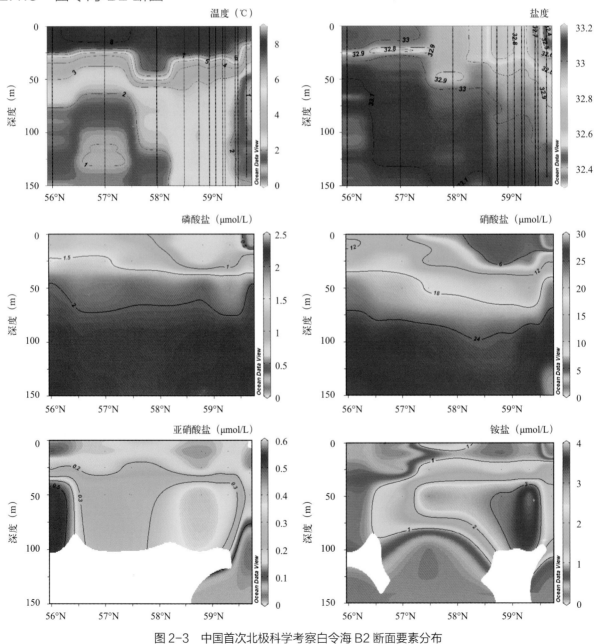

图 2-3　中国首次北极科学考察白令海 B2 断面要素分布

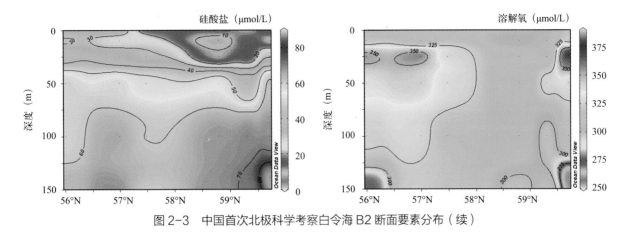

图 2-3　中国首次北极科学考察白令海 B2 断面要素分布（续）

2.1.4　白令海 B5 断面

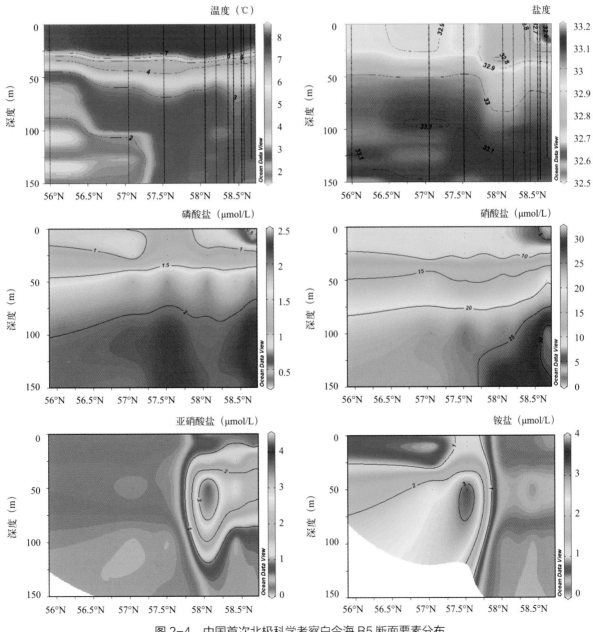

图 2-4　中国首次北极科学考察白令海 B5 断面要素分布

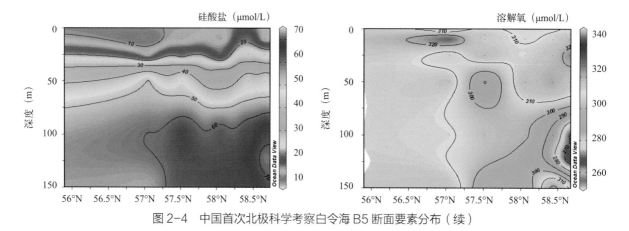

图 2-4　中国首次北极科学考察白令海 B5 断面要素分布（续）

2.1.5　白令海 BB 断面

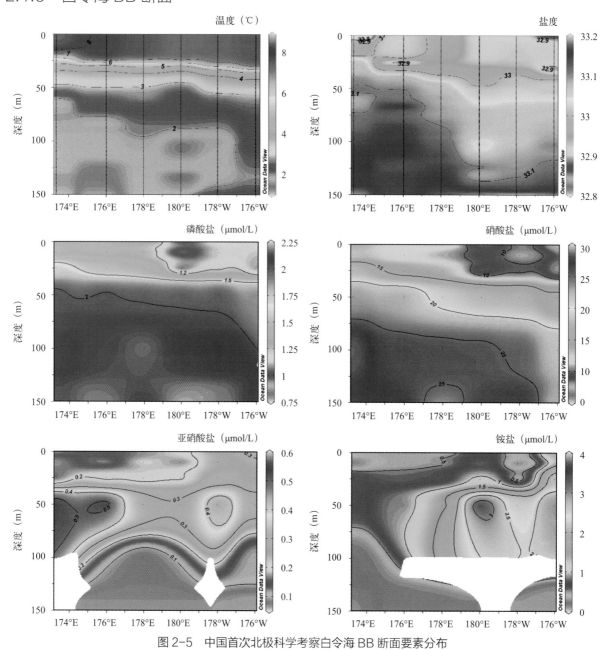

图 2-5　中国首次北极科学考察白令海 BB 断面要素分布

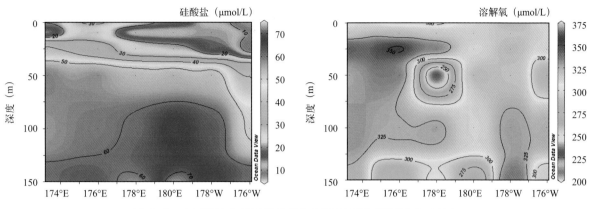

图 2-5 中国首次北极科学考察白令海 BB 断面要素分布（续）

2.2 楚科奇海基础要素断面图

2.2.1 楚科奇海断面设置

在楚科奇海无冰区设 3 条断面，共 25 个站位，见图 2-6、图 2-7 。其中：

（1）R 断面包括：C1、C2、C3、C4、C5、C6，共 6 个观测站位；

（2）RA 断面包括：P6600、P6630、P6700、P6730、P6800、P6830、P6900、P6930、P7000、P7030、P7100、P7142、P7200、P7230，共 14 个观测站位；

（3）P 断面包括：P1、P2、P3、P4、P5，共 5 个观测站位。

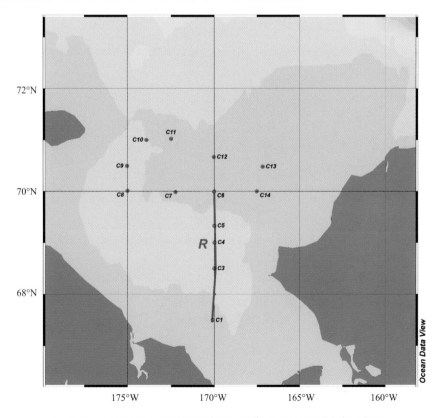

图 2-6 中国首次北极科学考察楚科奇海 R 断面观测站位示意图

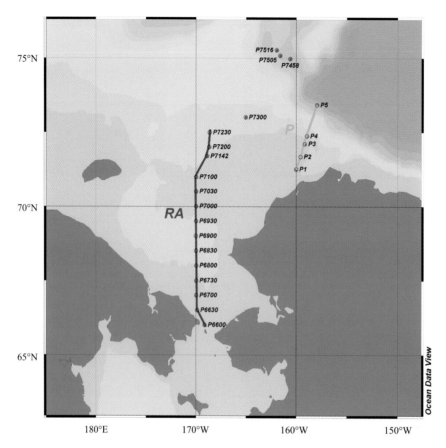

图 2-7　中国首次北极科学考察楚科奇海 RA 断面和 P 断面观测站位示意图

2.2.2　楚科奇海 R 断面

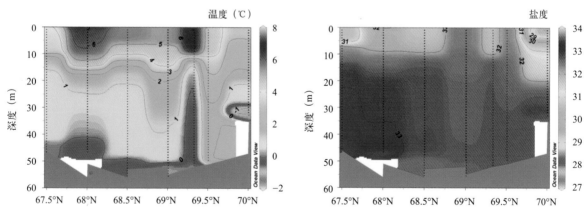

图 2-8　中国首次北极科学考察楚科奇海 R 断面要素分布

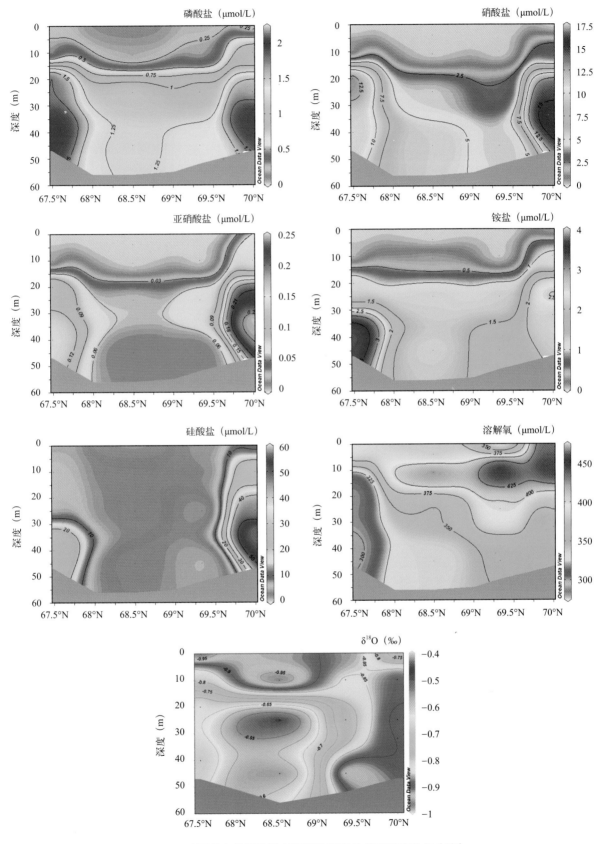

图 2-8　中国首次北极科学考察楚科奇海 R 断面要素分布（续）

2.2.3　楚科奇海 RA 断面

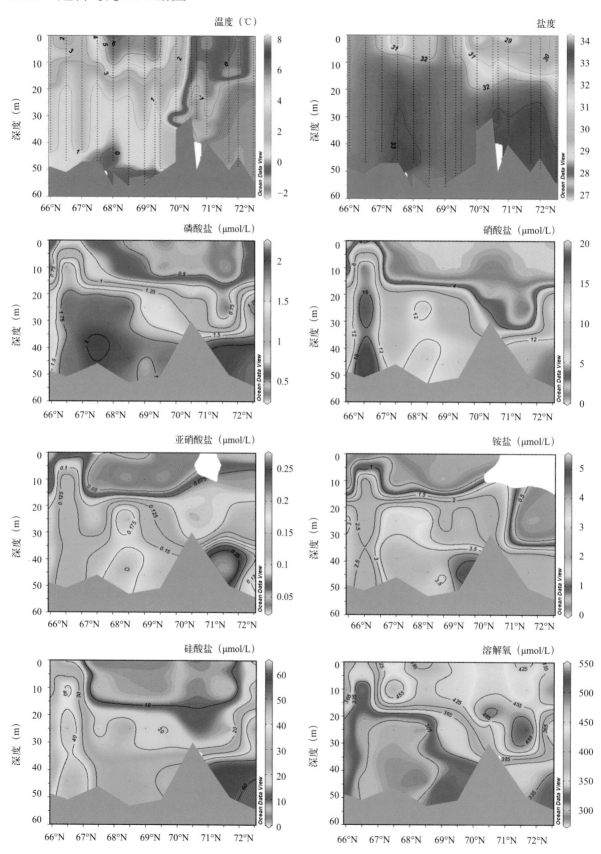

图 2-9　中国首次北极科学考察楚科奇海 RA 断面要素分布

2.2.4 楚科奇海 P 断面

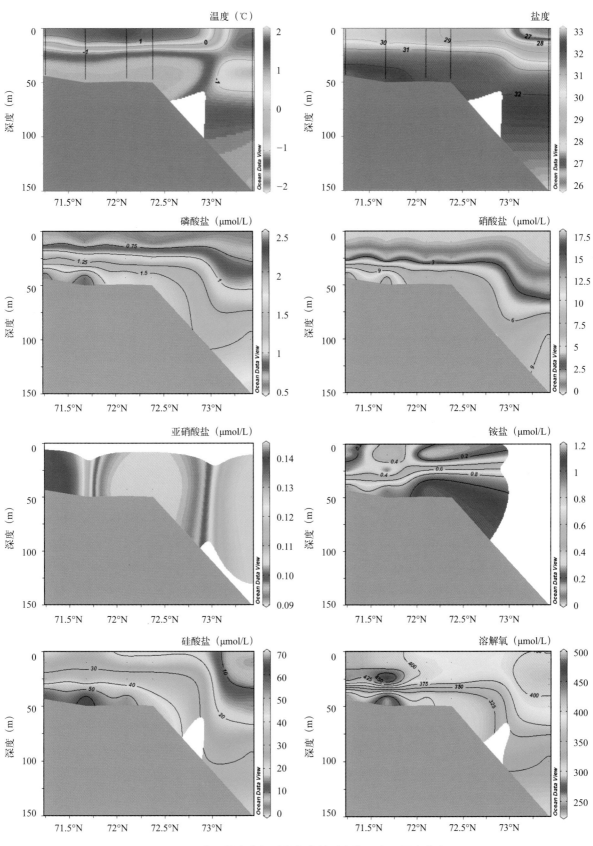

图 2-10 中国首次北极科学考察楚科奇海 P 断面要素分布

3 中国第2次北极科学考察 生态要素断面图

3.1 白令海基础要素断面图

3.1.1 白令海断面设置

中国第2次北极科学考察在白令海设3条断面，BR大断面、BS断面及BSA断面。其中：

（1）BR断面包括：BR21、BR22、BR23、BR24、BR25、BR01、BR02、BR03、BR04、BR05、BR06、BR07、BR08、BR09、BR10、BR11、BR12，共17个观测站位；

（2）BS断面包括：BS01、BS02、BS03、BS04、BS05、BS06、BS07、BS08、BS09、BS10，共10个观测站位。

（3）BSA断面包括：BS01A、BS02A、BS03A、BS04A、BS05A、BS06A、BS07A、BS08A、BS09A、BS10A，共10个观测站位。

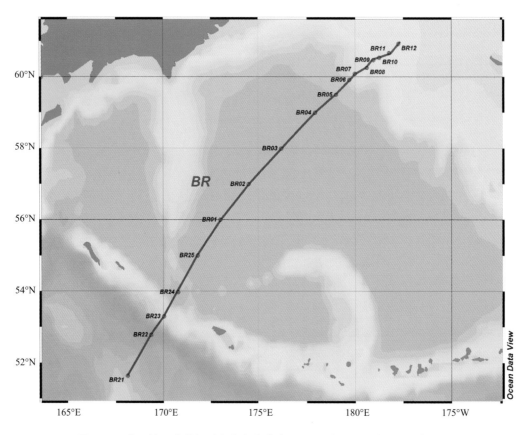

图3-1　中国第2次北极科学考察白令海BR观测断面观测站位示意图

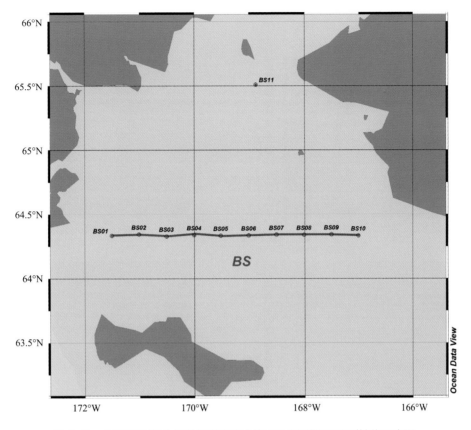

图 3-2　中国第 2 次北极科学考察白令海 BS 观测断面观测站位示意图

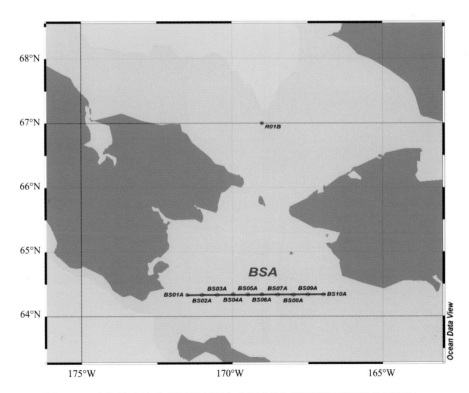

图 3-3　中国第 2 次北极科学考察白令海 BSA 观测断面观测站位示意图

3.1.2 白令海 BR 断面

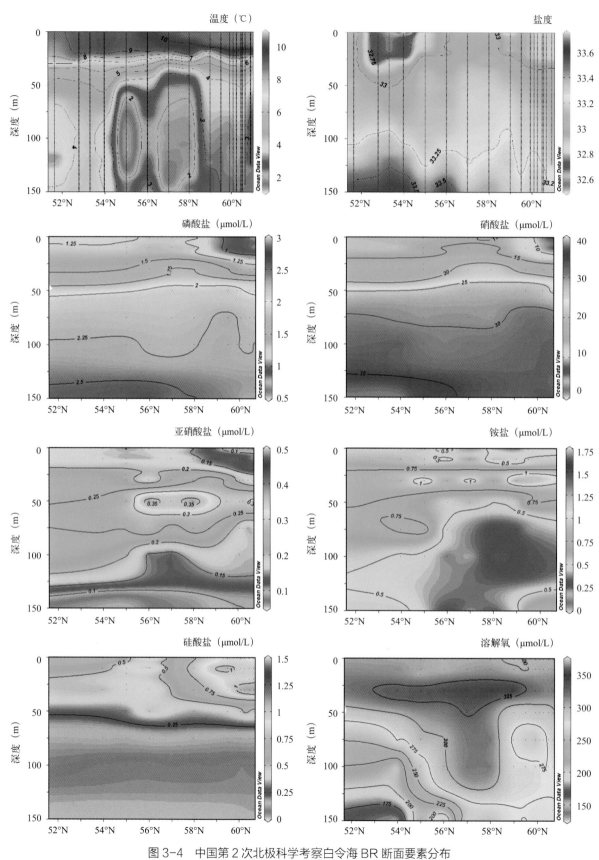

图 3-4 中国第 2 次北极科学考察白令海 BR 断面要素分布

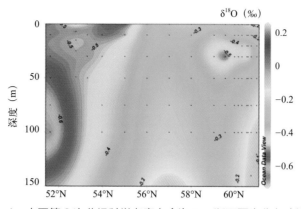

图 3-4　中国第 2 次北极科学考察白令海 BR 断面要素分布（续）

3.1.3　白令海 BS 断面

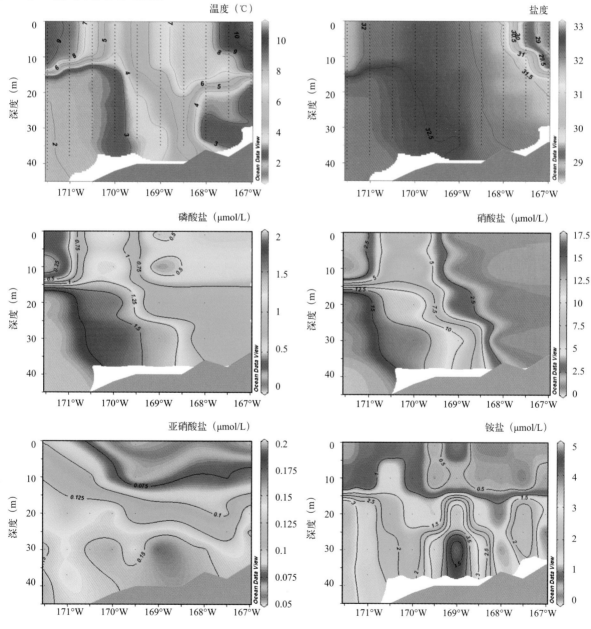

图 3-5　中国第 2 次北极科学考察白令海 BS 断面要素分布

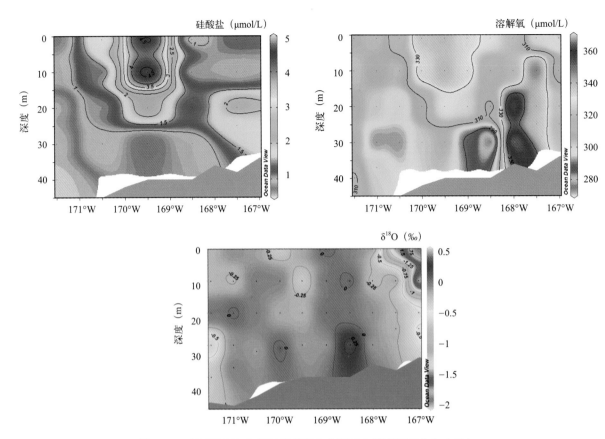

图 3-5　中国第 2 次北极科学考察白令海 BS 断面要素分布（续）

3.1.4　白令海 BSA 断面

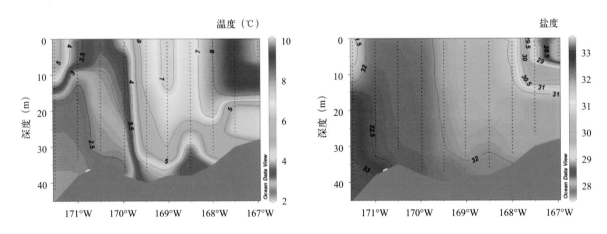

图 3-6　中国第 2 次北极科学考察白令海 BSA 断面要素分布

3.2 楚科奇海和波弗特海基础要素断面图

3.2.1 楚科奇海和波弗特海断面设置

中国第2次北极科学考察在楚科奇海设有6条断面，共57个站位。其中：

（1）R断面包括：R01、R02、R03、R04、R05、R06、R07、R08、R09、R10、BY02、R11、BY01、R12、R13、R14、R15，共16个观测站位；

（2）RA断面包括：R03A、R04A、R05A、R06A、R07A、R08A、R09A、R10A、R11A、R12A、R13A、R14A、R15A、R15X、R16A，共15个观测站位；

（3）RB断面包括：R12B、R13B、R14B、R15B、R16B，共5个观测站位；

（4）C1断面包括：C11、C12、C13、C14、C15、C16、C17、C18、C19、C10，共10个观测站位；

（5）C2断面包括：C21、C22、C23、C24、C25、C26，共6个观测站位；

（6）C3断面包括：C31、C32、C33、C34、C35，共5个观测站位。

在波弗特海设有2条断面，共12个站位。其中：

（1）S1断面包括：S11、S12、S13、S14、S15、S16，共6个观测站位；

（2）S2断面包括：S21A、S22、S23、S24、S25、S26，共6个观测站位。

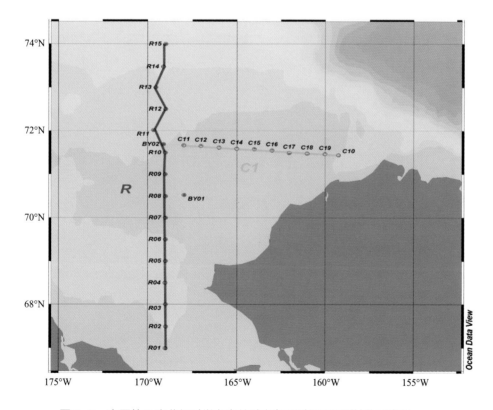

图3-7　中国第2次北极科学考察楚科奇海观测断面观测站位示意图一

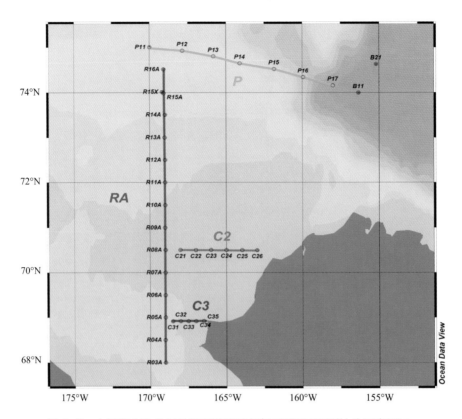

图 3-8　中国第 2 次北极科学考察楚科奇海观测断面观测站位示意图二

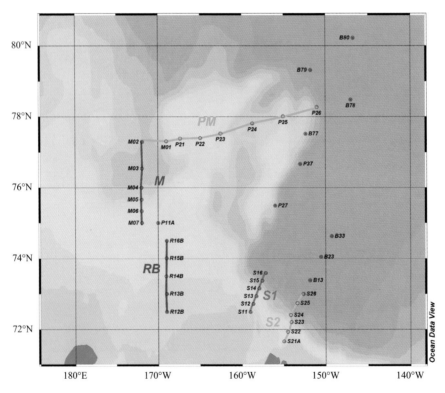

图 3-9　中国第 2 次北极科学考察楚科奇海和波弗特海观测断面观测站位示意图

3.2.2 楚科奇海 R 断面

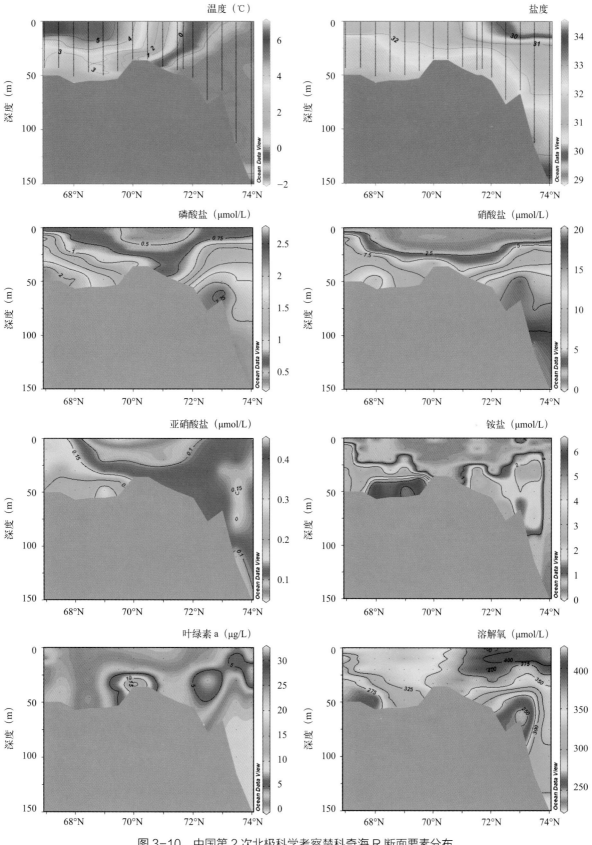

图 3-10 中国第 2 次北极科学考察楚科奇海 R 断面要素分布

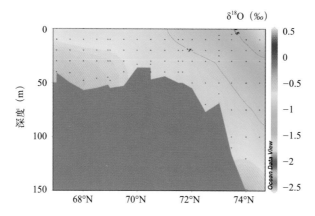

图 3-10　中国第 2 次北极科学考察楚科奇海 R 断面要素分布（续）

3.2.3　楚科奇海 RA 断面

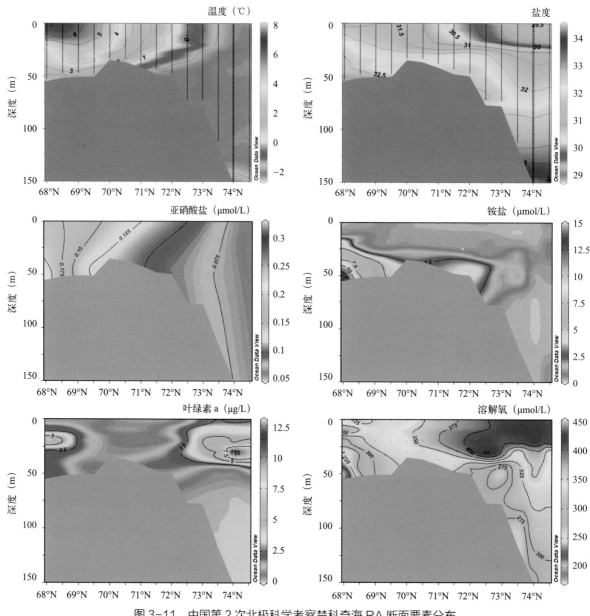

图 3-11　中国第 2 次北极科学考察楚科奇海 RA 断面要素分布

3.2.4　楚科奇海 RB 断面

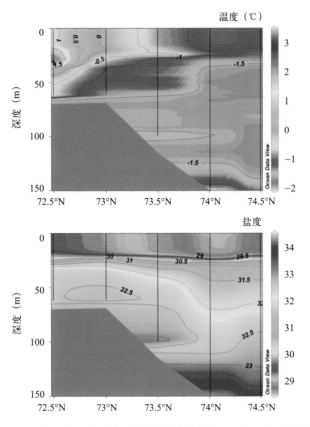

图 3-12　中国第 2 次北极科学考察楚科奇海 RB 断面要素分布

3.2.5　楚科奇海 C1 断面

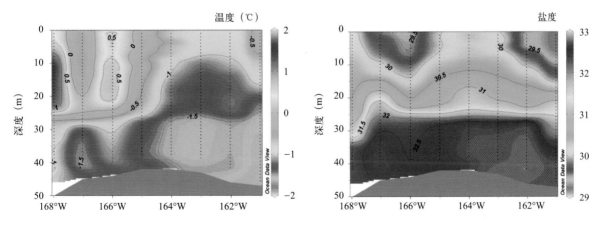

图 3-13　中国第 2 次北极科学考察楚科奇海 C1 断面要素分布

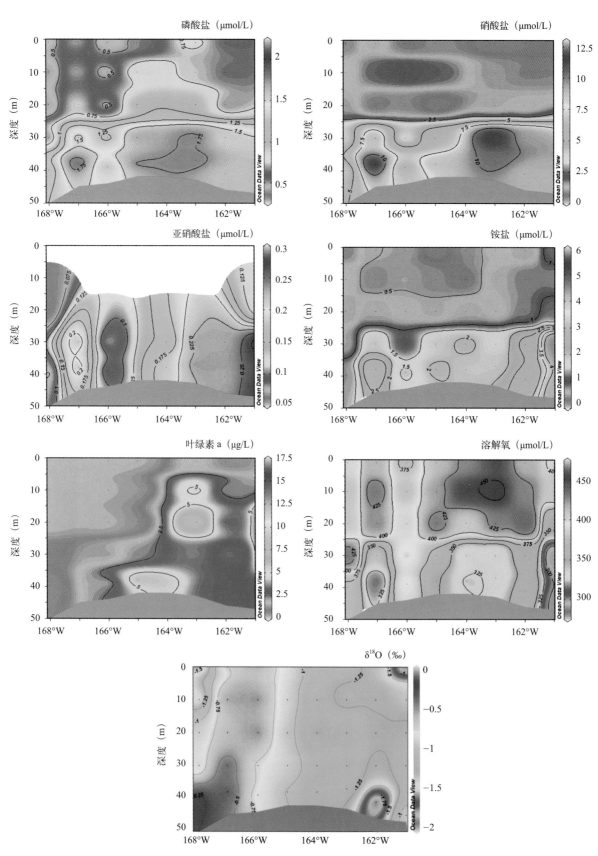

图 3-13　中国第 2 次北极科学考察楚科奇海 C1 断面要素分布（续）

3.2.6 楚科奇海 C2 断面

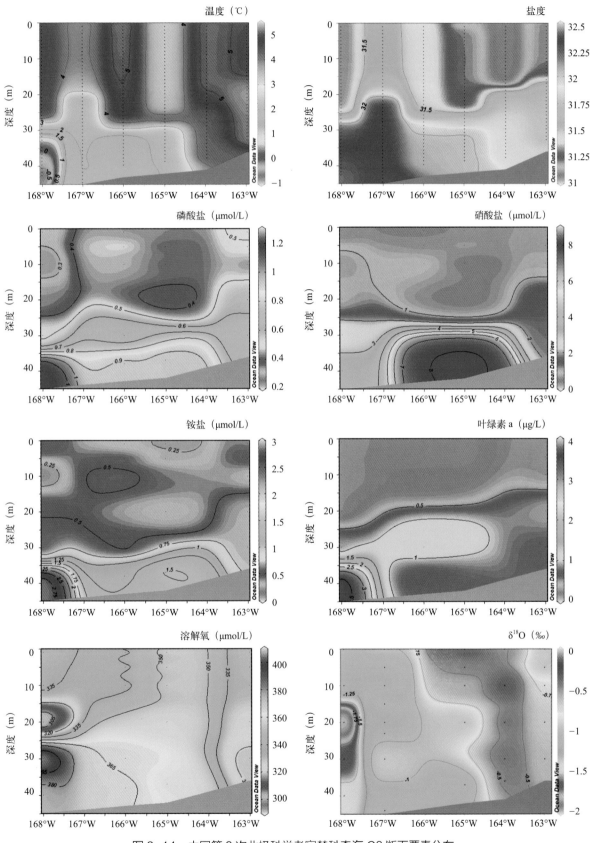

图 3-14 中国第 2 次北极科学考察楚科奇海 C2 断面要素分布

3.2.7 楚科奇海 C3 断面

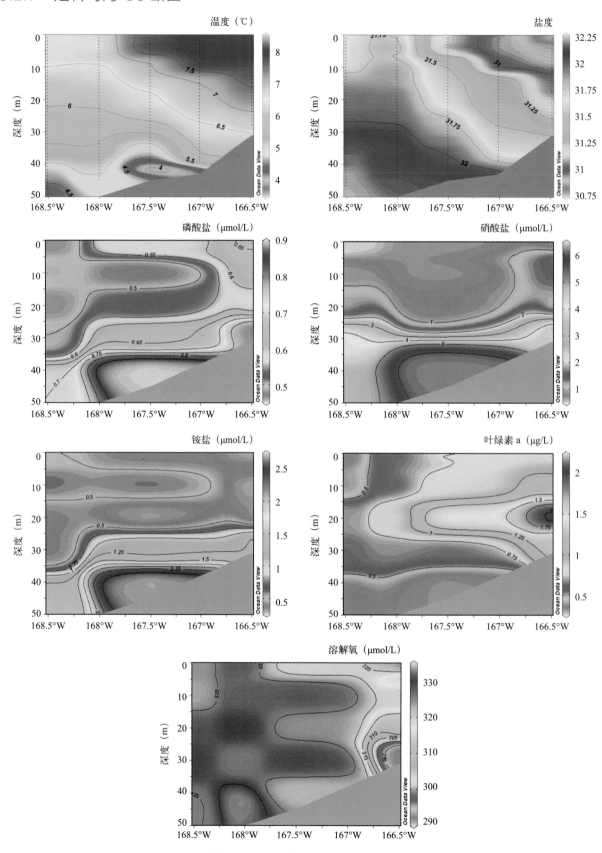

图 3-15 中国第 2 次北极科学考察楚科奇海 C3 断面要素分布

3.2.8　波弗特海 S1 断面

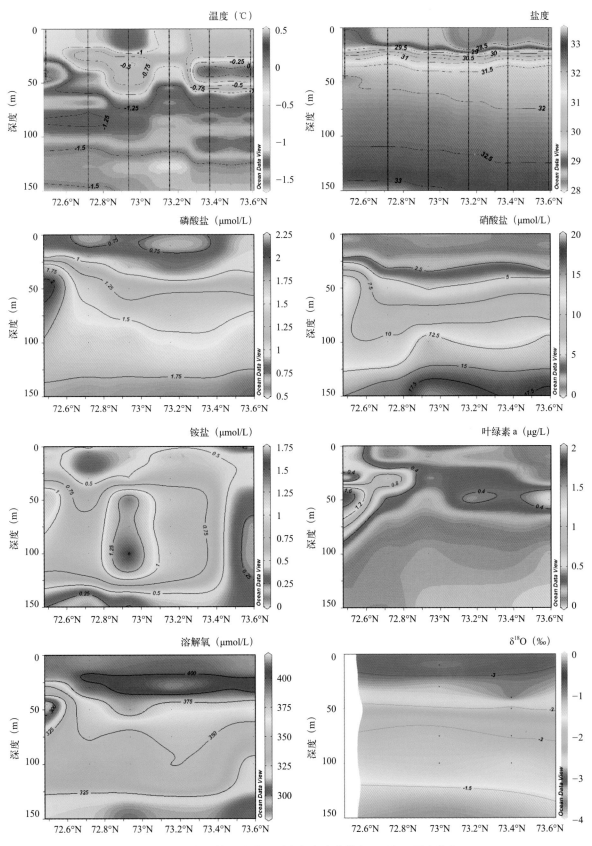

图 3-16　中国第 2 次北极科学考察波弗特海 S1 断面要素分布

3.2.9 波弗特海 S2 断面

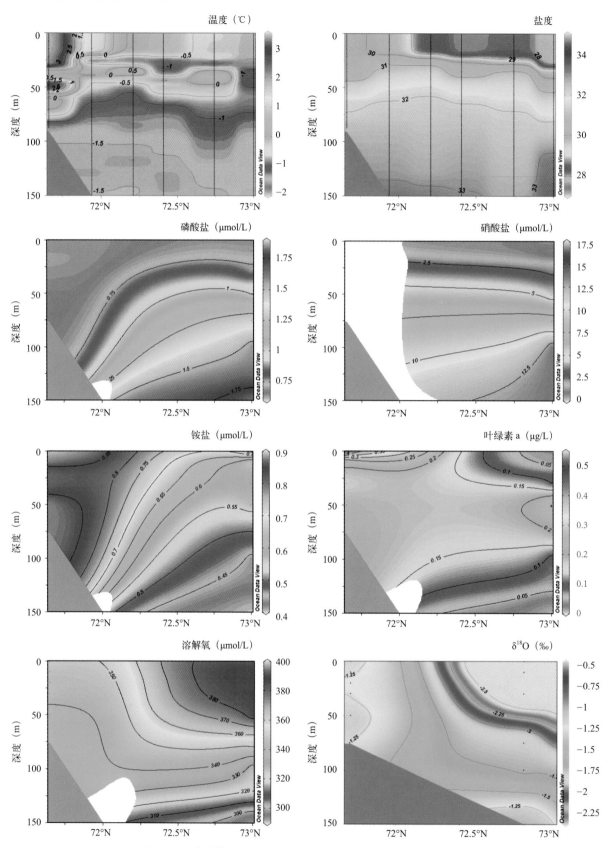

图 3-17 中国第 2 次北极科学考察波弗特海 S2 断面要素分布

3.3 加拿大海盆基础要素断面图

3.3.1 加拿大海盆断面设置

在加拿大海盆设有 3 条断面，共 21 个站位。其中：

（1）P 断面包括：P11、P12、P13、P14、P15、P16、P17，共 7 个观测站位（见图 3-8）；

（2）PM 站位包括：M02、M01、P21、P22、P23、P24、P25、P26，共 8 个观测站位（见图 3-9）；

（3）M 断面包括：M07、M06、M05、M04、M03、M02，共 6 个观测站位（见图 3-9）。

3.3.2 加拿大海盆 P 断面

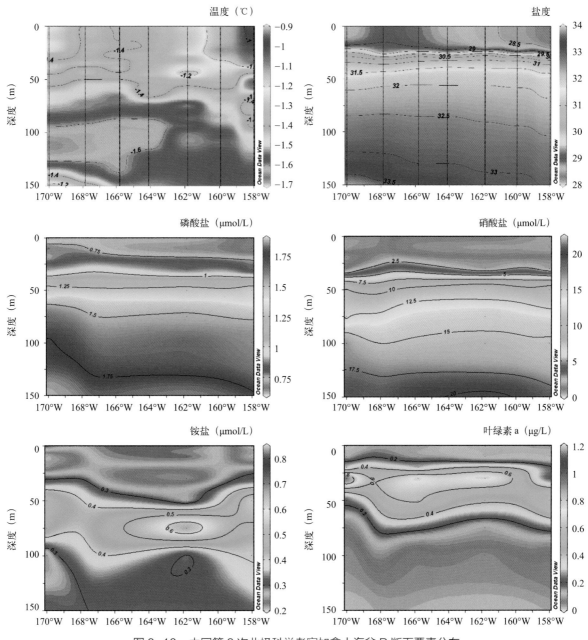

图 3-18　中国第 2 次北极科学考察加拿大海盆 P 断面要素分布

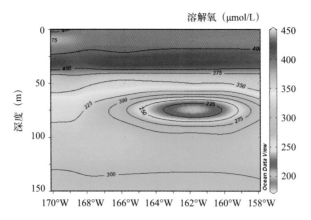

图 3-18　中国第 2 次北极科学考察加拿大海盆 P 断面要素分布（续）

3.3.3　加拿大海盆 PM 断面

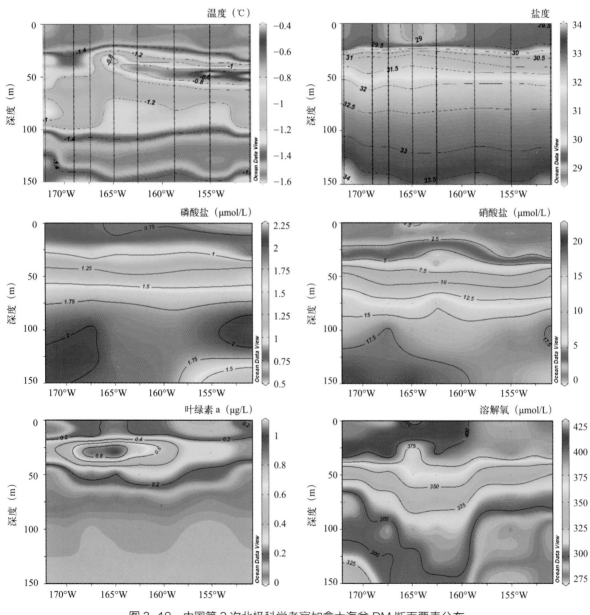

图 3-19　中国第 2 次北极科学考察加拿大海盆 PM 断面要素分布

3.3.4 加拿大海盆 M 断面

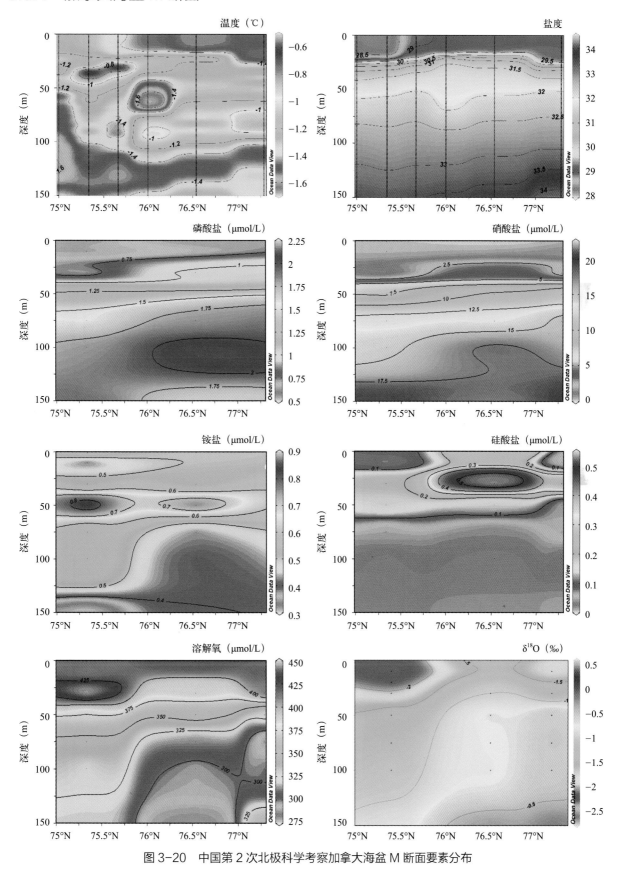

图 3-20 中国第 2 次北极科学考察加拿大海盆 M 断面要素分布

3.4 2003 年北冰洋浮游动物平面图

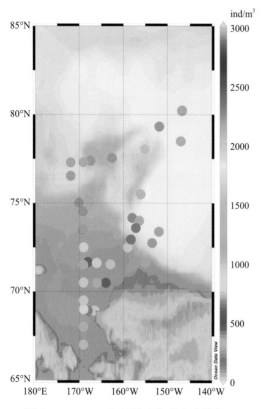

图 3-21 2003 年浮游动物总丰度分布

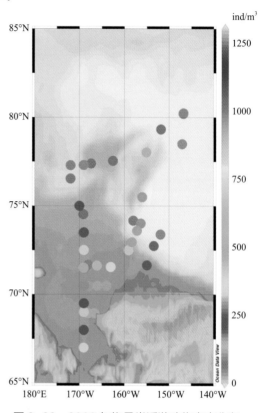

图 3-22 2003 年桡足类浮游动物丰度分布

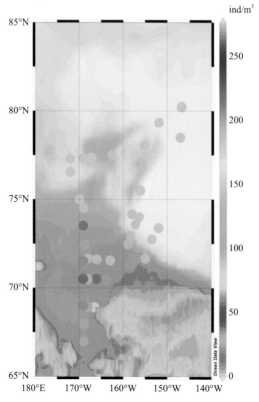

图 3-23 2003 年水母类浮游动物丰度分布

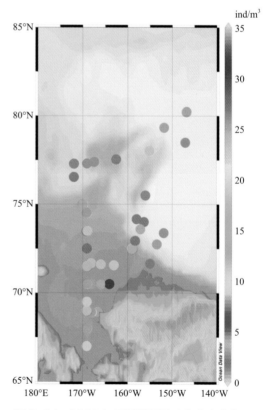

图 3-24 2003 年毛颚类浮游动物丰度分布

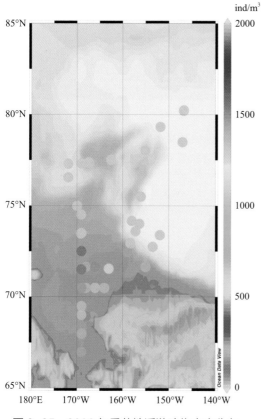

图 3-25　2003 年季节性浮游动物丰度分布

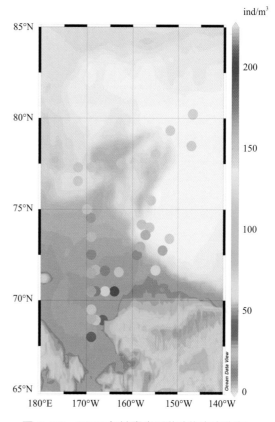

图 3-26　2003 年被囊类浮游动物丰度分布

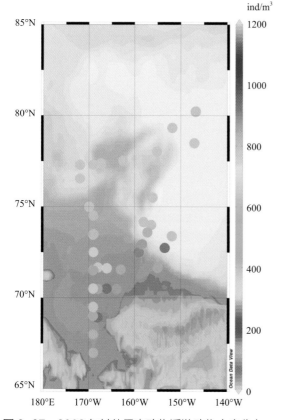

图 3-27　2003 年其他甲壳动物浮游动物丰度分布

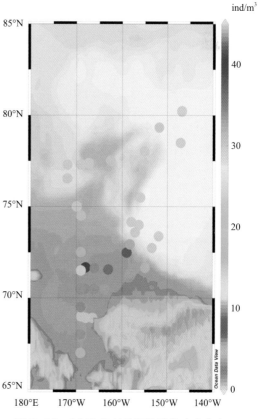

图 3-28　2003 年其他浮游动物丰度分布

4 中国第3次北极科学考察生态要素断面

4.1 白令海基础要素断面图

4.1.1 白令海断面设置

在白令海设有4个断面，共33个站位。其中：

（1）BR断面包括：BR23、BR24、BR25、BR01、BR02、BR03、BR04、BR05、BR06、BR07、BR08、BR09、BR10、BR11、BR12、BR13、BR14、BR15，共18个观测站位；

（2）NB1断面包括：NB11、NB13、NB15、NB17、NB19，共5个观测站位；

（3）NB2断面包括：NB21、 NB24、NB26、NB28，共4个观测站位；

（4）BS断面包括：BS01、BS03、BS04、BS05、BS07、BS09，共6个观测站位。

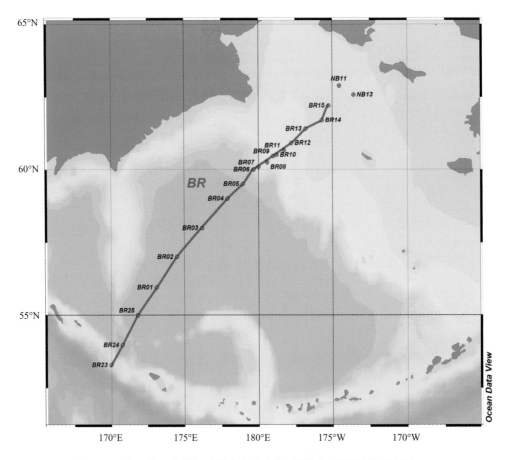

图 4-1　中国第3次北极科学考察白令海观测断面观测站位示意图一

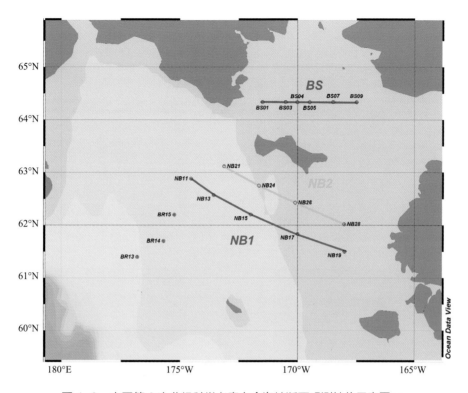

图 4-2　中国第 3 次北极科学考察白令海峡断面观测站位示意图二

4.1.2　白令海 BR 断面

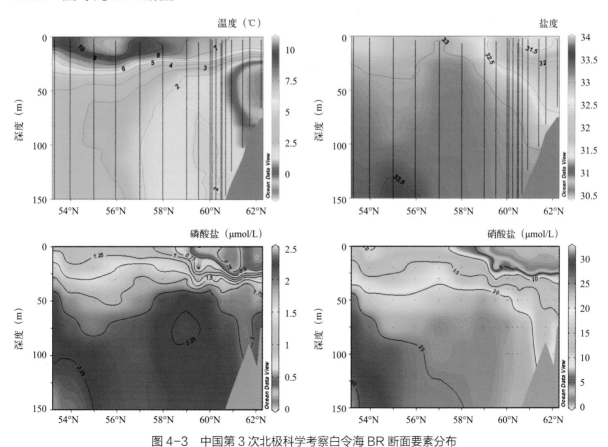

图 4-3　中国第 3 次北极科学考察白令海 BR 断面要素分布

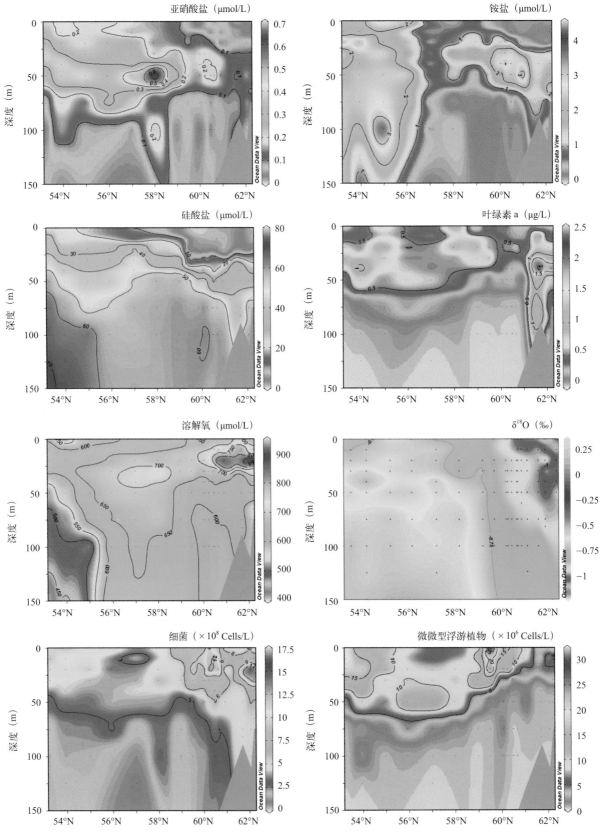

图4-3　中国第3次北极科学考察白令海BR断面要素分布（续）

4.1.3 白令海 NB1 断面

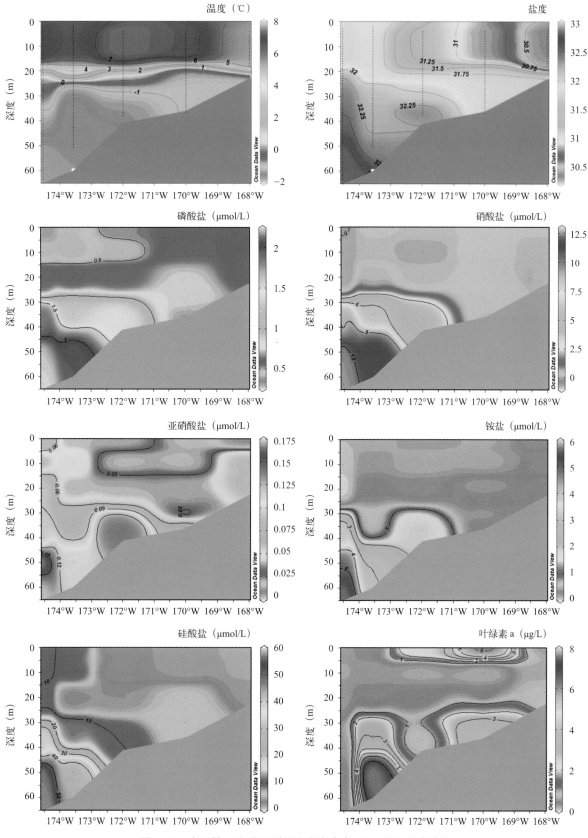

图 4-4 中国第 3 次北极科学考察白令海 NB1 断面要素分布

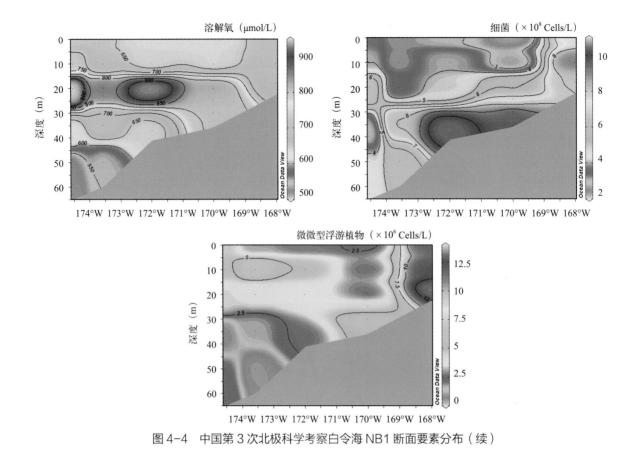

图 4-4　中国第 3 次北极科学考察白令海 NB1 断面要素分布（续）

4.1.4　白令海 NB2 断面

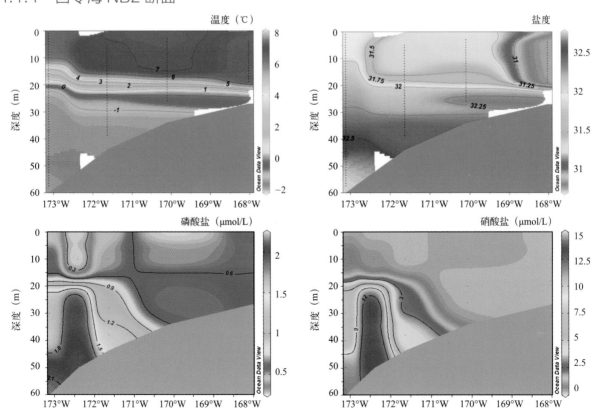

图 4-5　中国第 3 次北极科学考察白令海 NB2 断面要素分布

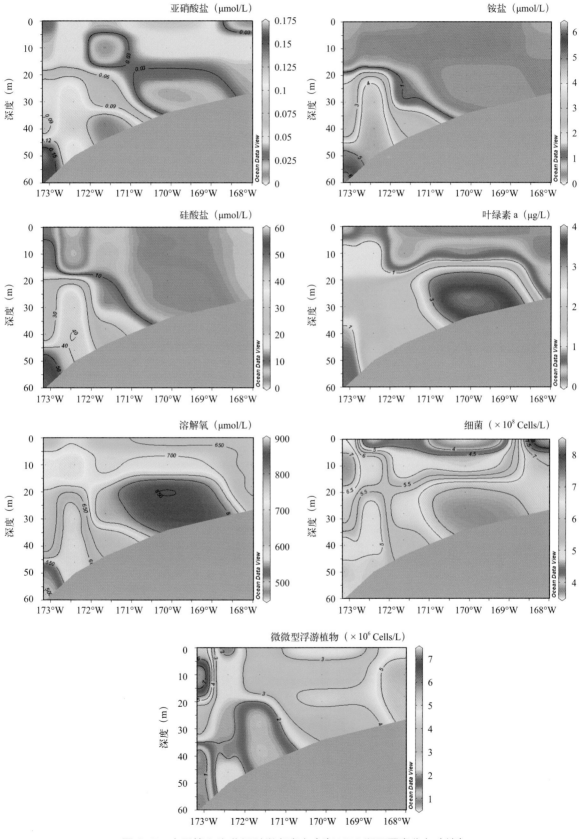

图 4-5　中国第 3 次北极科学考察白令海 NB2 断面要素分布（续）

4.1.5 白令海 BS 断面

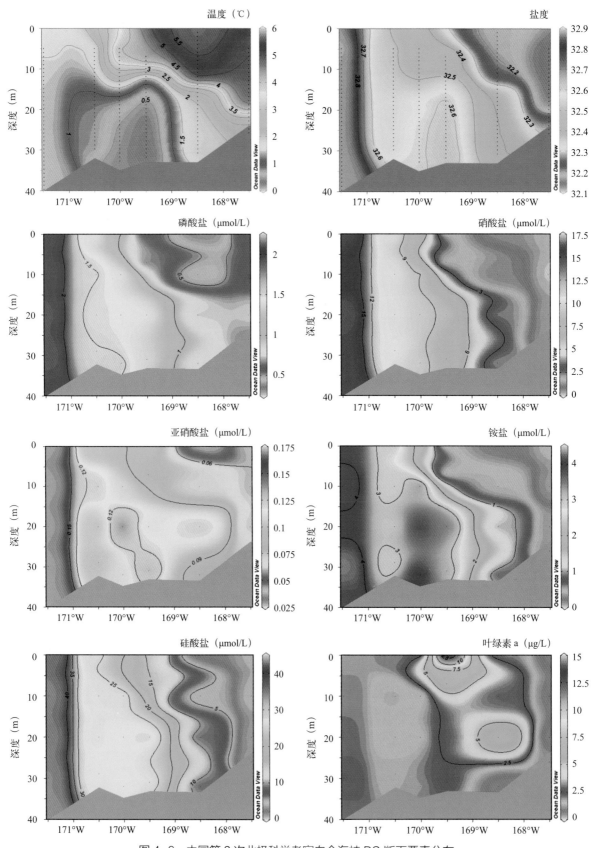

图 4-6　中国第 3 次北极科学考察白令海峡 BS 断面要素分布

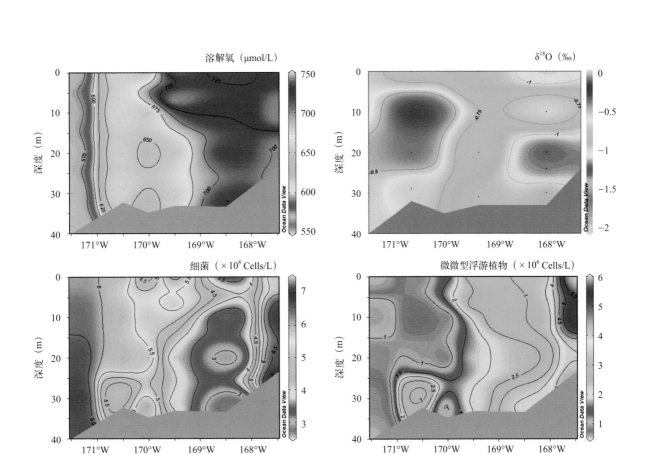

图 4-6　中国第 3 次北极科学考察白令海峡 BS 断面要素分布（续）

4.2　楚科奇海和波弗特海基础要素断面图

4.2.1　楚科奇海和波弗特海断面设置

在楚科奇海设有 5 条断面，共 30 个站位。其中：

（1）R 断面包括：R00、R01、R03、R05、R07、R09、R11、R13、R15、R17，共 10 个观测站位；

（2）RA 断面包括：R05R、R07R、R09R、R11R、R13R、R15R、R17R，共 7 个观测站位；

（3）C1 断面包括：C11、C11、C13、C15、C17、C19、C10A，共 7 个观测站位；

（4）C2 断面包括：C21、C23、C25，共 3 个观测站位；

（5）C3 断面包括：C31、C33、C35，共 3 个观测站位。

在波弗特海设有 2 条断面，共 12 个站位。其中：

（1）S1 断面包括：S11、S12、S13、S14、S15、S16，共 6 个观测站位；

（2）S2 断面包括：S21、S22、S23、S24、S25、S26，共 6 个观测站位。

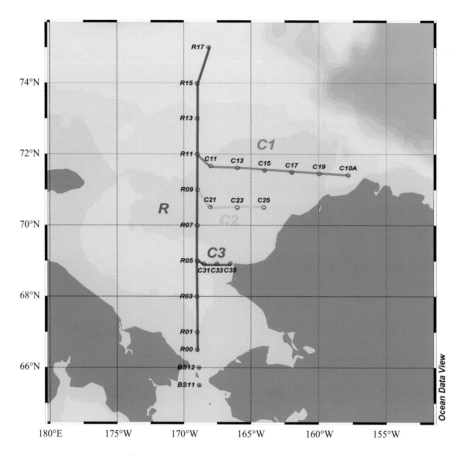

图 4-7　中国第 3 次北极科学考察楚科奇海观测断面观测站位示意图

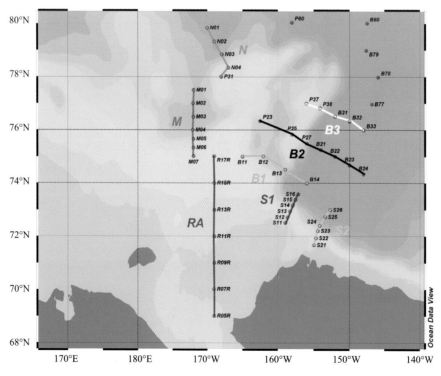

图 4-8　中国第 3 次北极科学考察楚科奇海和波弗特海观测断面观测站位示意图

4.2.2 楚科奇海 R 断面

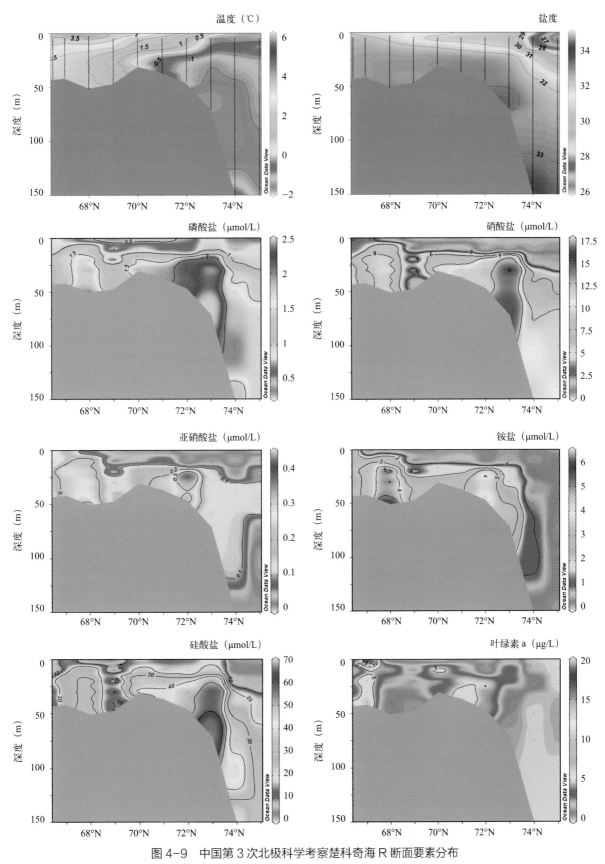

图 4-9　中国第 3 次北极科学考察楚科奇海 R 断面要素分布

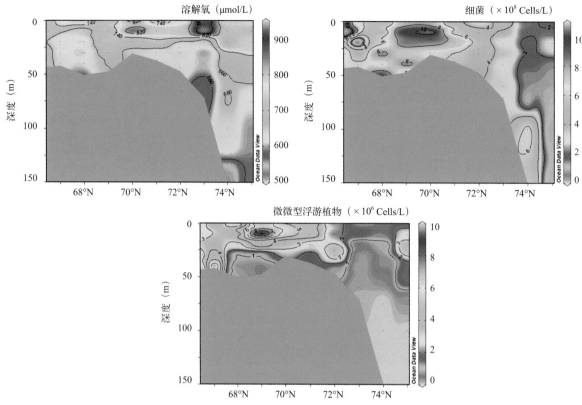

图4-9　中国第3次北极科学考察楚科奇海 R 断面要素分布（续）

4.2.3　楚科奇海 RA 断面

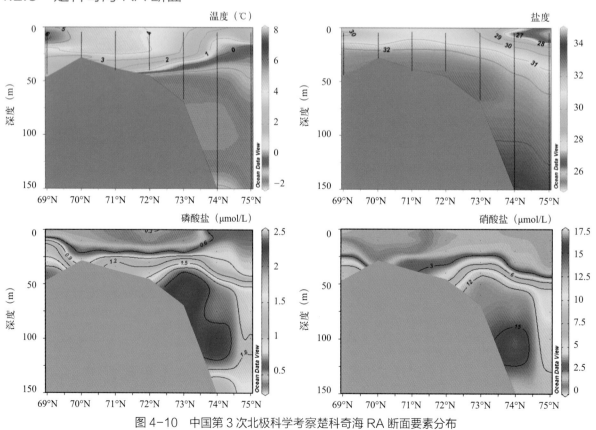

图4-10　中国第3次北极科学考察楚科奇海 RA 断面要素分布

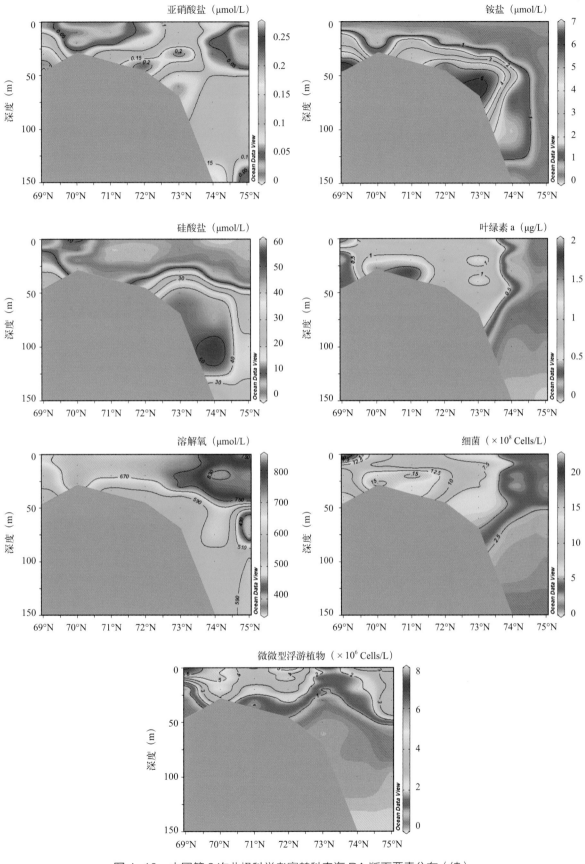

图 4-10　中国第 3 次北极科学考察楚科奇海 RA 断面要素分布（续）

4.2.4 楚科奇海 C1 断面

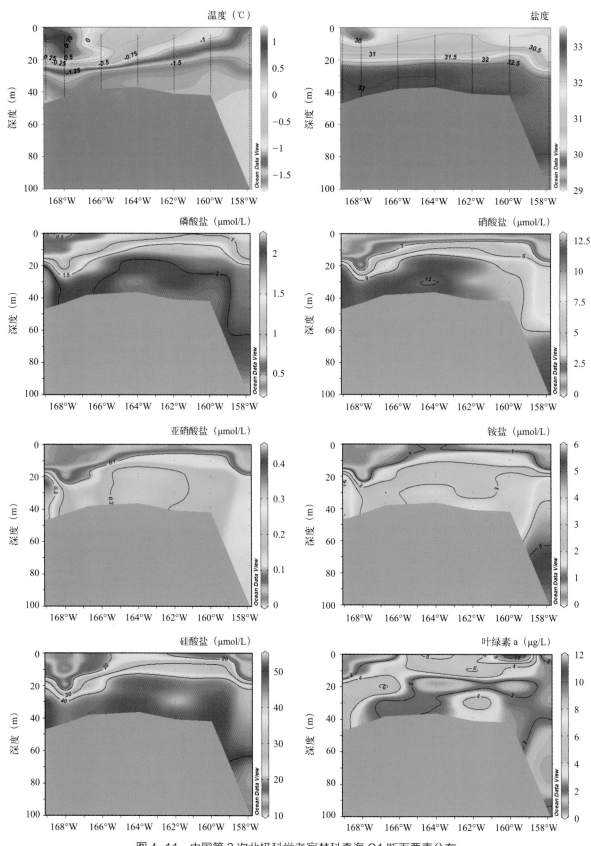

图 4-11 中国第 3 次北极科学考察楚科奇海 C1 断面要素分布

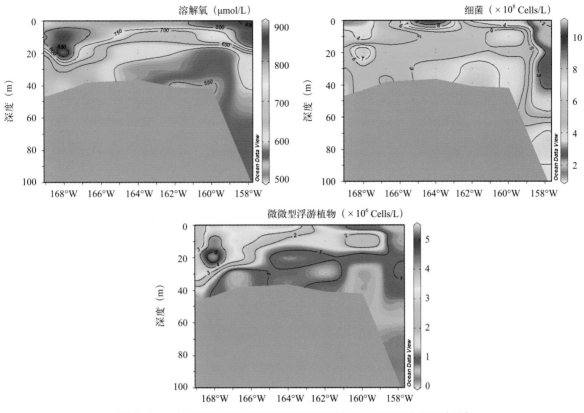

图 4-11　中国第 3 次北极科学考察楚科奇海 C1 断面要素分布（续）

4.2.5　楚科奇海 C2 断面

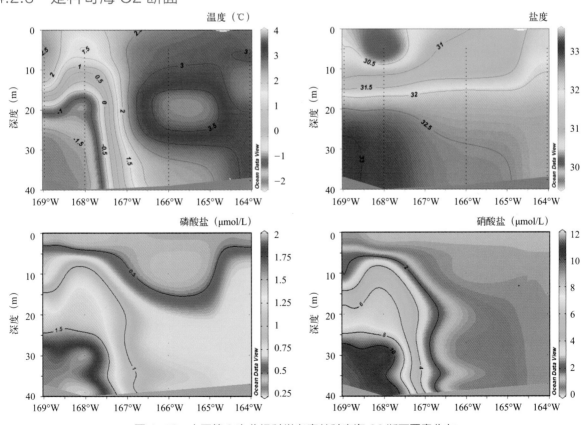

图 4-12　中国第 3 次北极科学考察楚科奇海 C2 断面要素分布

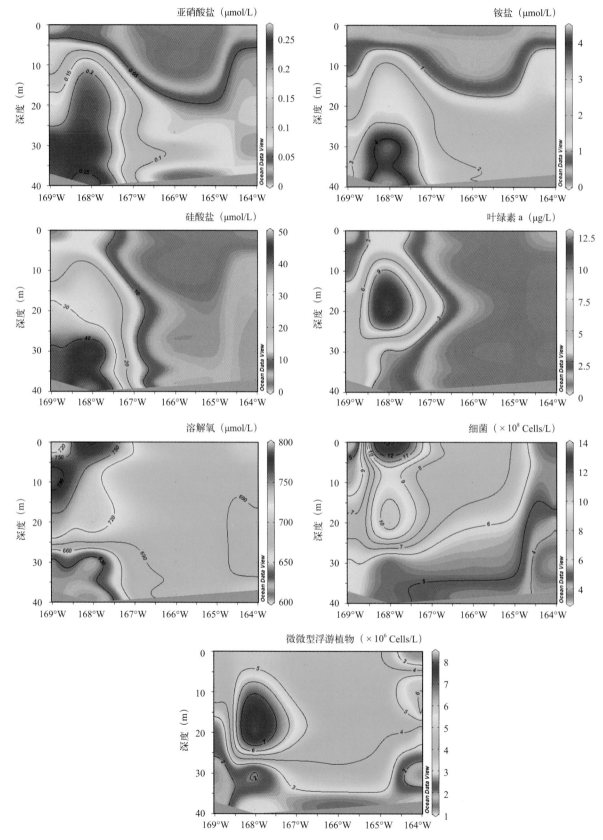

图 4-12 中国第 3 次北极科学考察楚科奇海 C2 断面要素分布（续）

4.2.6 楚科奇海 C3 断面

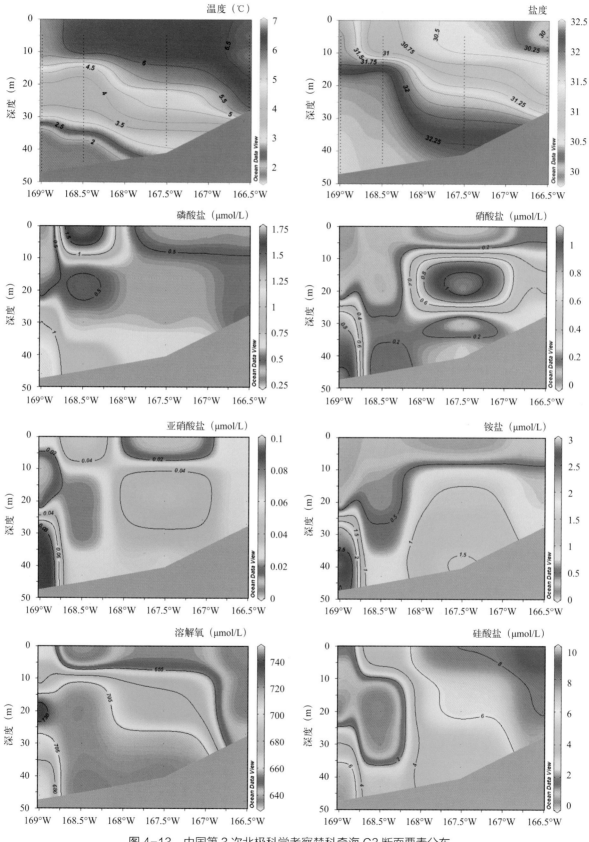

图 4-13 中国第 3 次北极科学考察楚科奇海 C3 断面要素分布

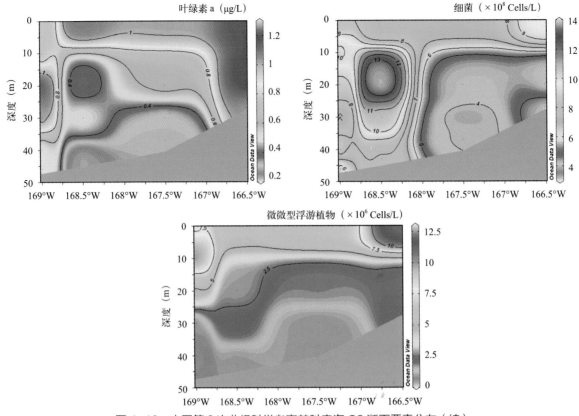

图 4-13　中国第 3 次北极科学考察楚科奇海 C3 断面要素分布（续）

4.2.7　波弗特海 S1 断面

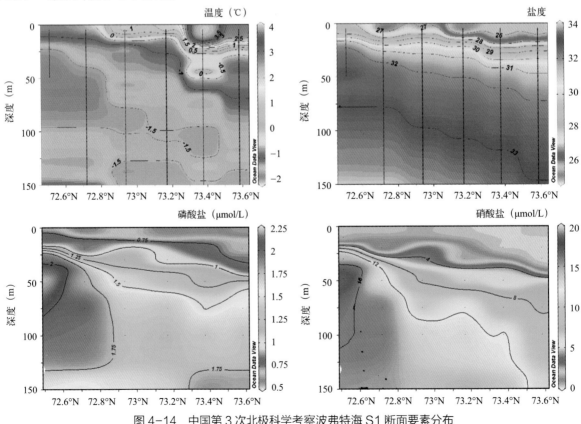

图 4-14　中国第 3 次北极科学考察波弗特海 S1 断面要素分布

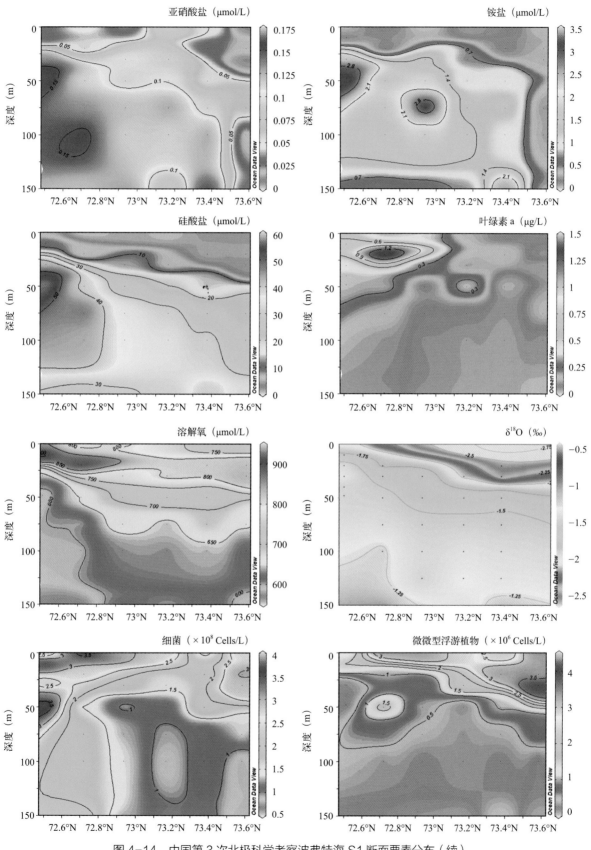

图 4-14　中国第 3 次北极科学考察波弗特海 S1 断面要素分布（续）

4.2.8 波弗特海 S2 断面

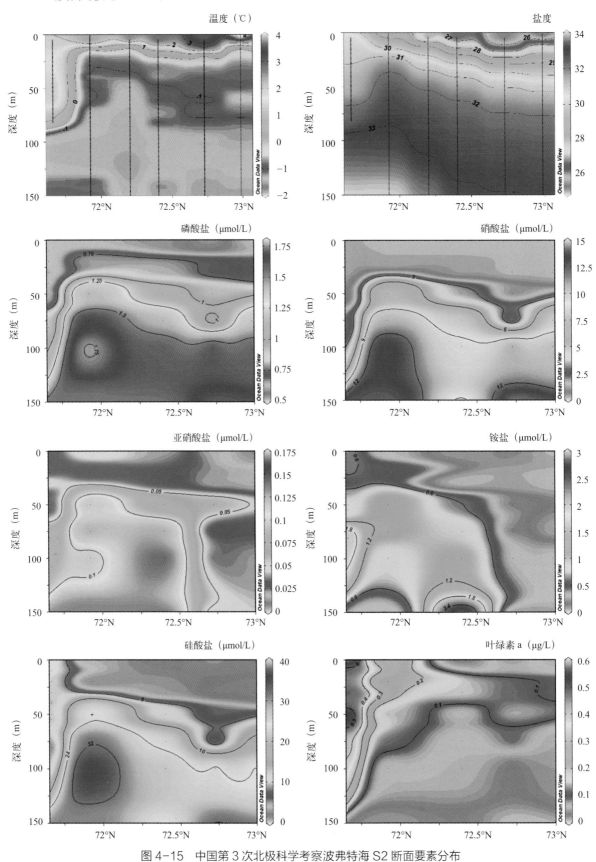

图 4-15　中国第 3 次北极科学考察波弗特海 S2 断面要素分布

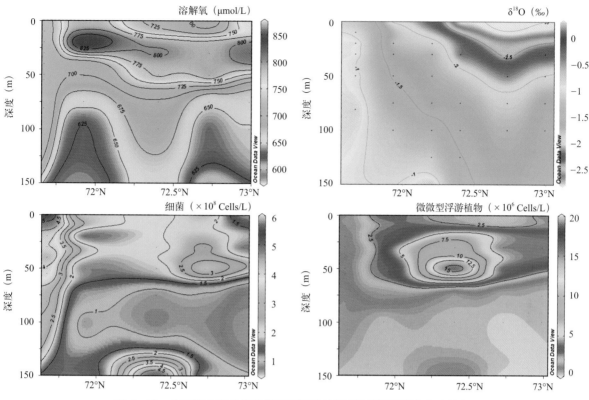

图 4-15　中国第3次北极科学考察波弗特海 S2 断面要素分布（续）

4.3　加拿大海盆基础要素断面图

4.3.1　加拿大海盆断面设置

在加拿大海盆设有 7 条断面，共 43 个站位。其中：

（1）B 断面包括：B77、B78、B79、B80、B81、B82、B83、B84、B84A，共 9 个观测站位；

（2）B1 断面包括：B11、B12、B13、B14，共 4 个观测站位；

（3）B2 断面包括：P23、P25、P27、B21、B22、B23、B24，共 7 个观测站位；

（4）B3 断面包括：P37、P38、B31、B32、B33，共 5 个观测站位；

（5）M 断面包括：M01、M02、M03、M04、M05、M06、M07，共 7 个观测站位。

（6）N 断面包括：P31、N04、N03、N02、N01，共 5 个观测站位；

（7）D 断面包括：D80、D81、D82、D83、D84，共 5 个观测站位。

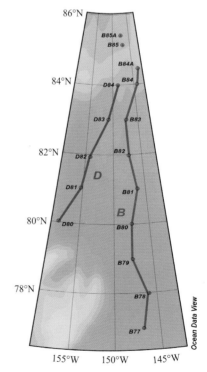

图 4-16　中国第3次北极科学考察加拿大海盆断面观测站位示意图（其余断面见图 4-8）

4.3.2 加拿大海盆 B 断面

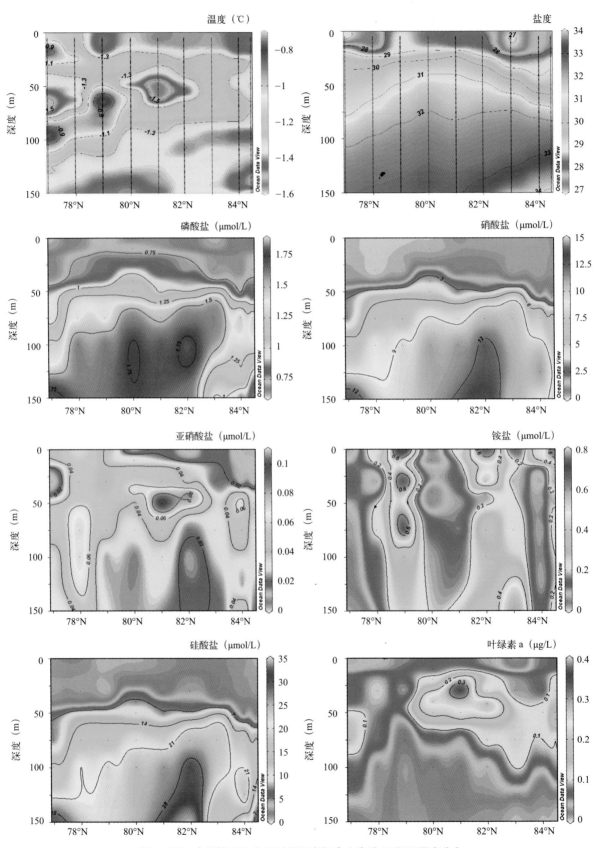

图 4-17　中国第 3 次北极科学考察加拿大海盆 B 断面要素分布

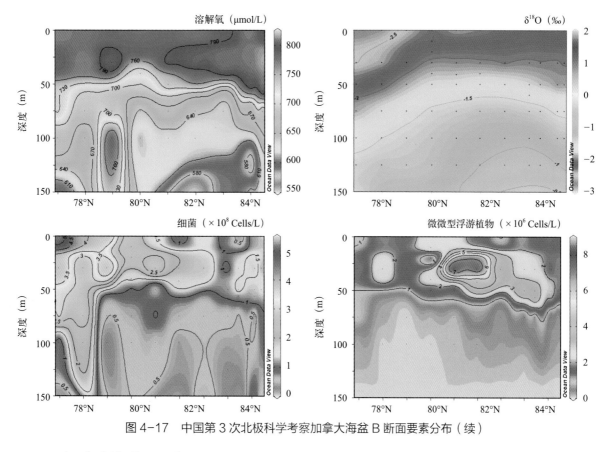

图 4-17 中国第 3 次北极科学考察加拿大海盆 B 断面要素分布（续）

4.3.3 加拿大海盆 B1 断面

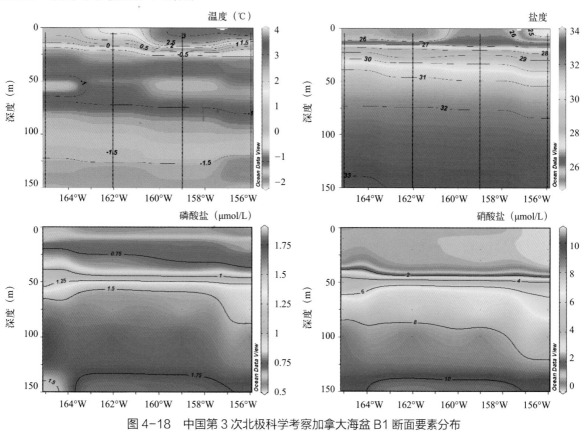

图 4-18 中国第 3 次北极科学考察加拿大海盆 B1 断面要素分布

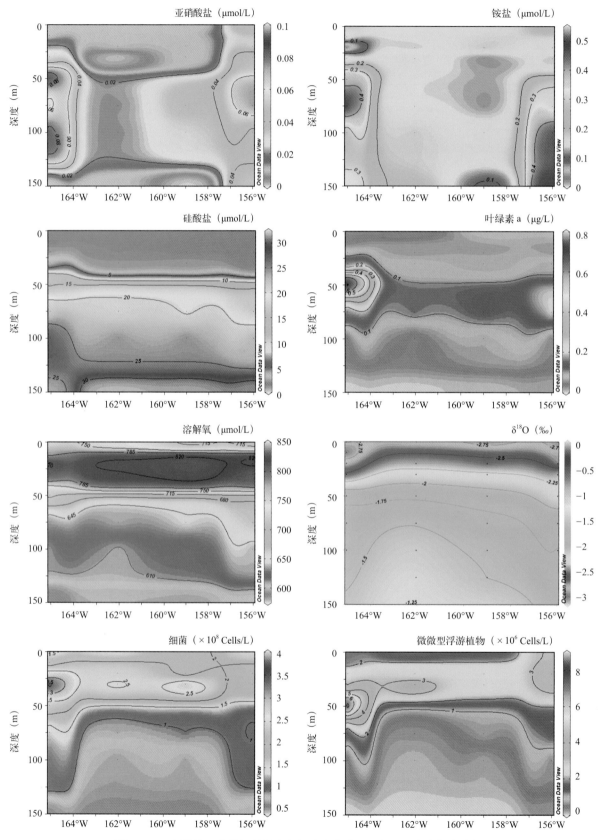

图 4-18　中国第 3 次北极科学考察加拿大海盆 B1 断面要素分布（续）

4.3.4 加拿大海盆 B2 断面

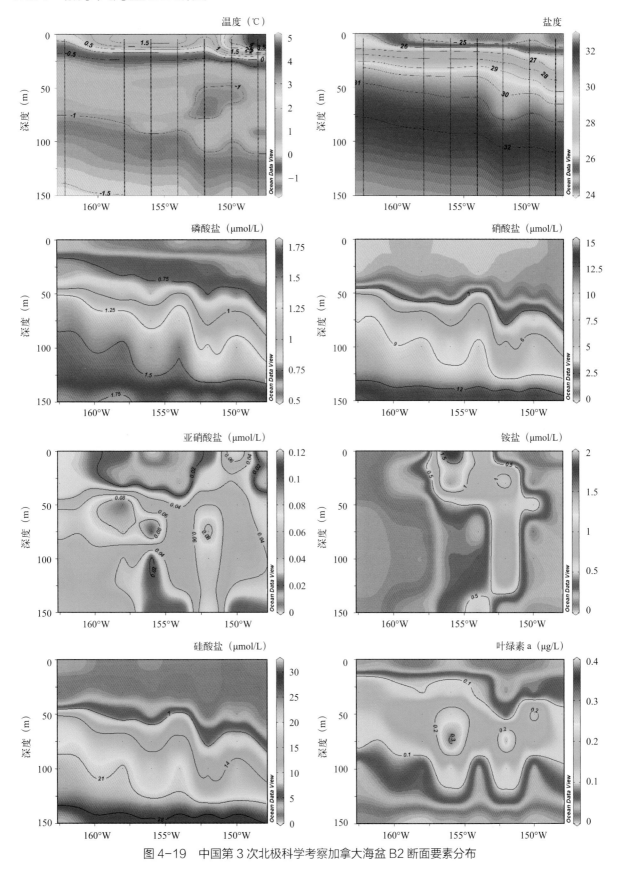

图 4-19 中国第 3 次北极科学考察加拿大海盆 B2 断面要素分布

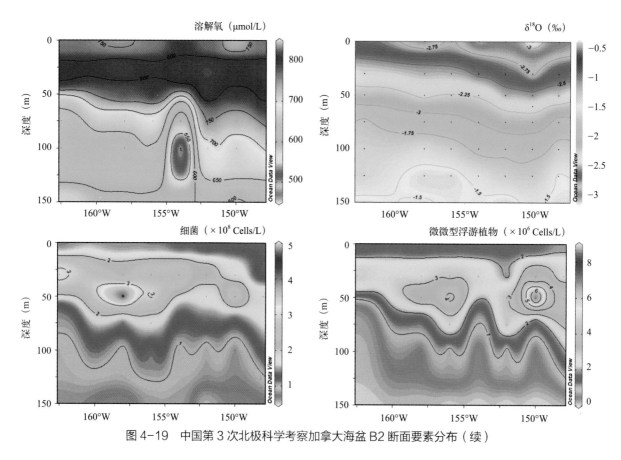

图 4-19　中国第 3 次北极科学考察加拿大海盆 B2 断面要素分布（续）

4.3.5　加拿大海盆 B3 断面

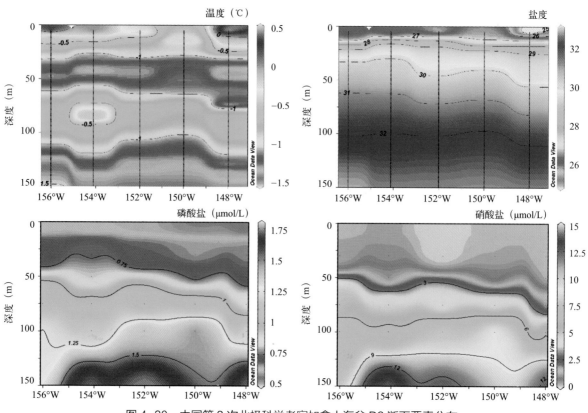

图 4-20　中国第 3 次北极科学考察加拿大海盆 B3 断面要素分布

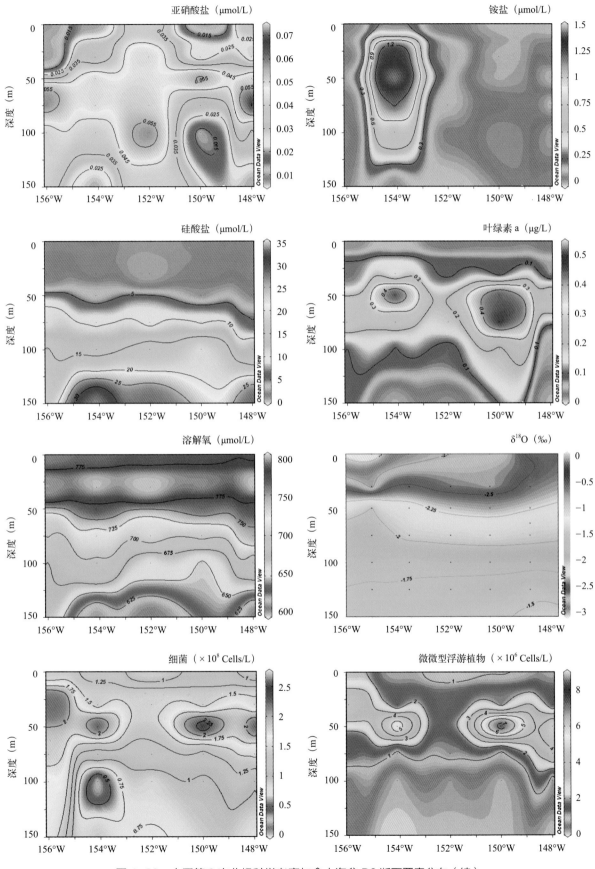

图 4-20　中国第 3 次北极科学考察加拿大海盆 B3 断面要素分布（续）

4.3.6　加拿大海盆 M 断面

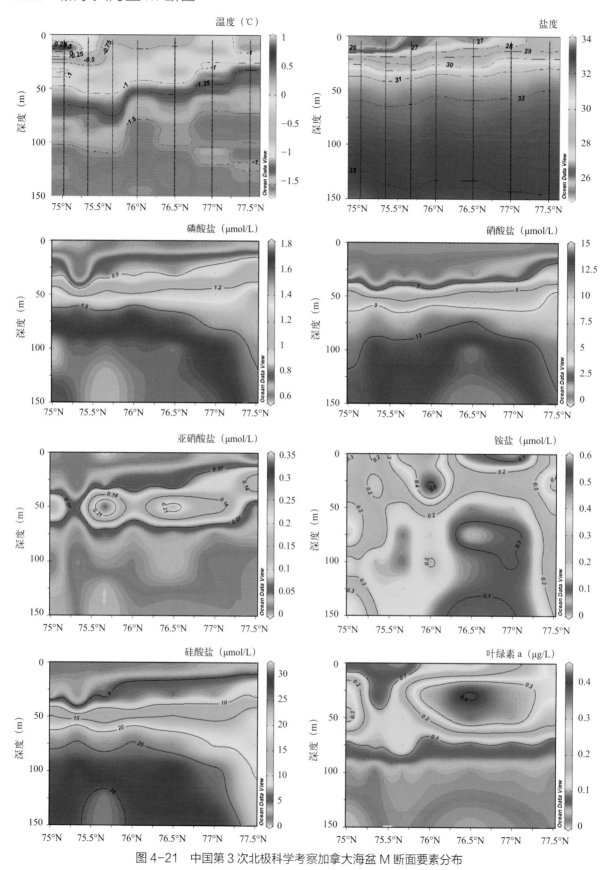

图 4-21　中国第 3 次北极科学考察加拿大海盆 M 断面要素分布

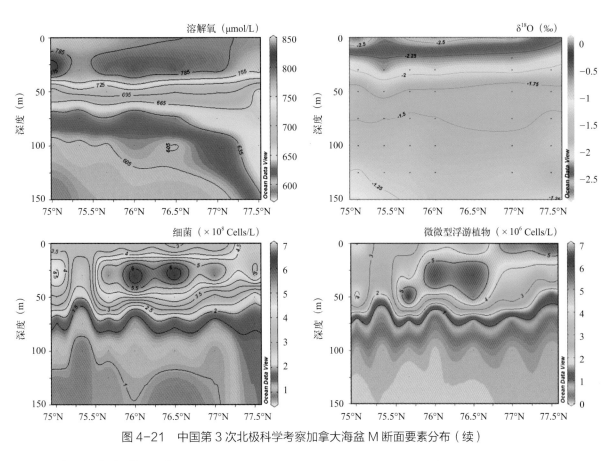

图 4-21　中国第 3 次北极科学考察加拿大海盆 M 断面要素分布（续）

4.3.7　加拿大海盆 N 断面

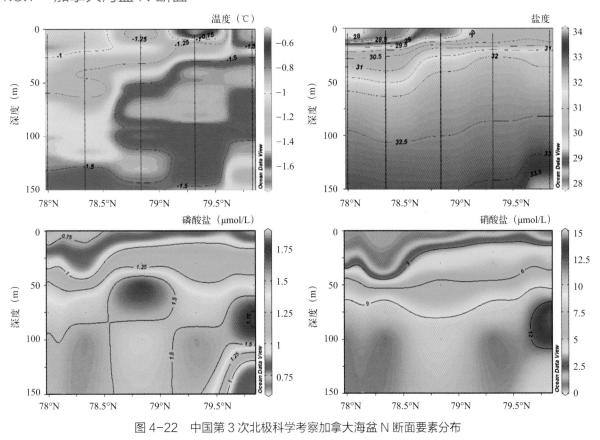

图 4-22　中国第 3 次北极科学考察加拿大海盆 N 断面要素分布

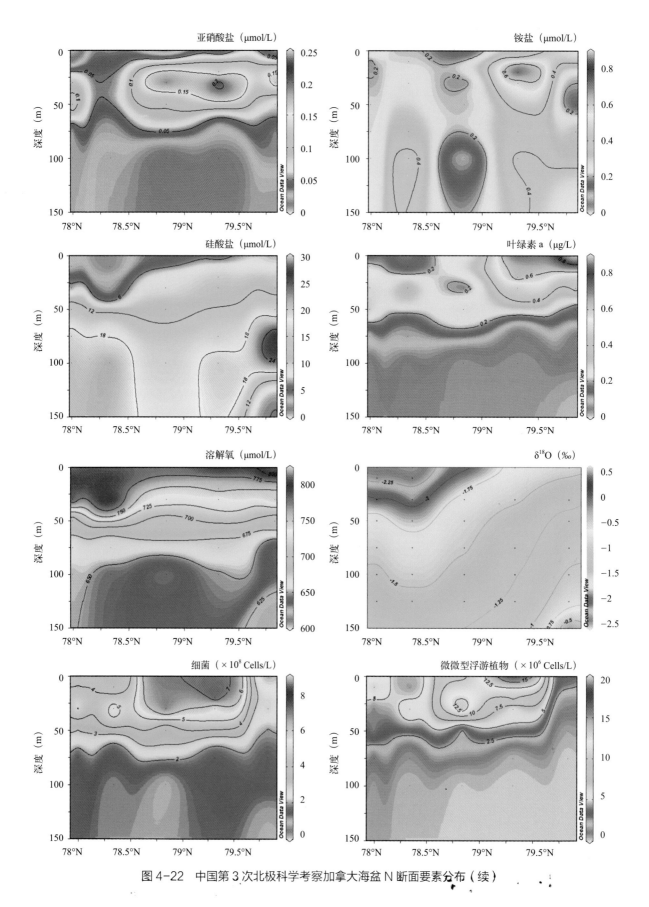

图 4-22 中国第 3 次北极科学考察加拿大海盆 N 断面要素分布（续）

4.3.8　加拿大海盆 D 断面

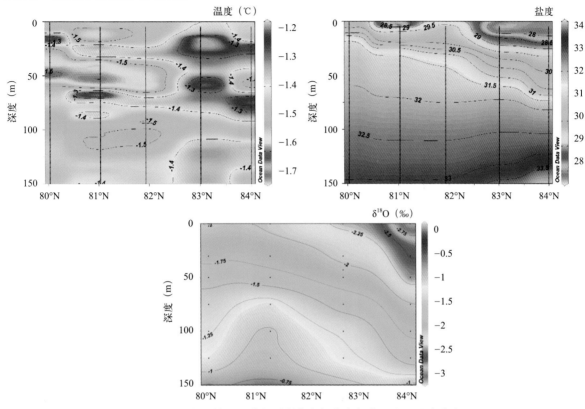

图 4-23　中国第 3 次北极科学考察加拿大海盆 D 断面要素分布

4.4　2008 年北冰洋浮游动物平面图

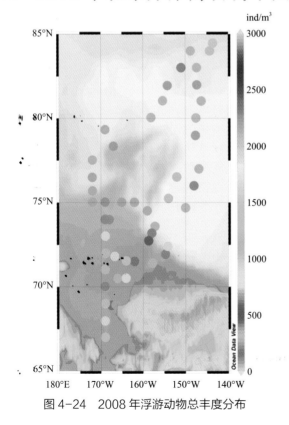

图 4-24　2008 年浮游动物总丰度分布

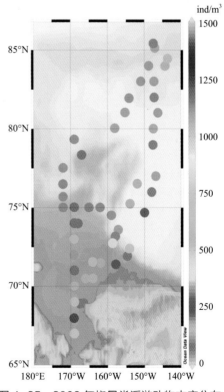

图 4-25　2008 年桡足类浮游动物丰度分布

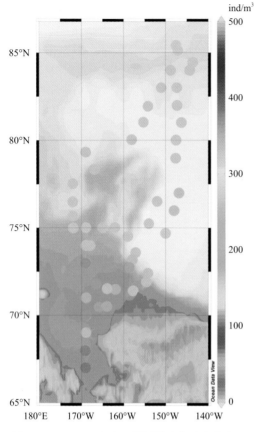

图 4-26　2008 年水母类浮游动物丰度分布

图 4-27　2008 年毛颚类浮游动物丰度分布

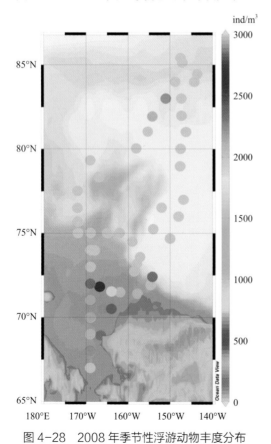

图 4-28　2008 年季节性浮游动物丰度分布

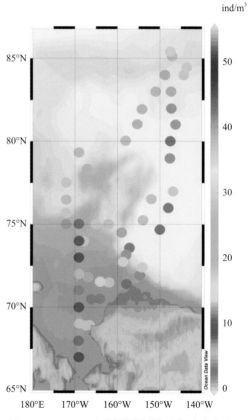

图 4-29　2008 年被囊类浮游动物丰度分布

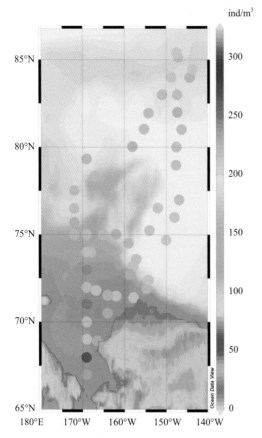

图 4-30　2008 年其他甲壳动物浮游动物丰度分布

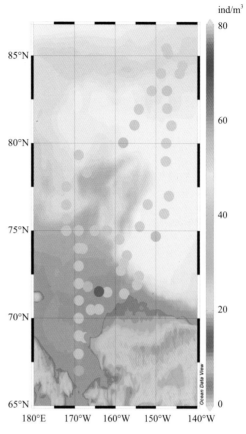

图 4-31　2008 年其他浮游动物丰度分布

5 中国第 4 次北极科学考察
生态要素断面

5.1 白令海基础要素断面图

5.1.1 白令海断面设置

在白令海设有 6 条断面，共 44 个站位。其中：

（1）B 断 面 包 括：B01、B02、B03、B04、B05、B06、B07、B08、B09、B10、B11、B12、B12、B14、B15，共 15 个观测站位；

（2）BB 断面包括：BB01、BB02、BB03、BB04、BB05、BB06、BB07，共 7 个观测站位；

（3）NB1 断面包括：NB01、NB02、NB03、NB04、NB05、NB06，共 6 个观测站位；

（4）NB2 断面包括：NB07、NB08、NB09，共 3 个观测站位；

（5）NB3 断面包括：NB10、NB11、NB12，共 3 个观测站位；

（6）BS 断 面 包 括：BS01、BS02、BS03、BS04、BS05、BS06、BS07、BS08、BS09、BS10，共 10 个观测站位。

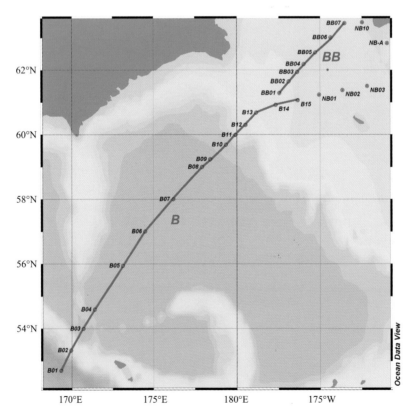

图 5-1 中国第 4 次北极科学考察白令海断面观测站位示意图

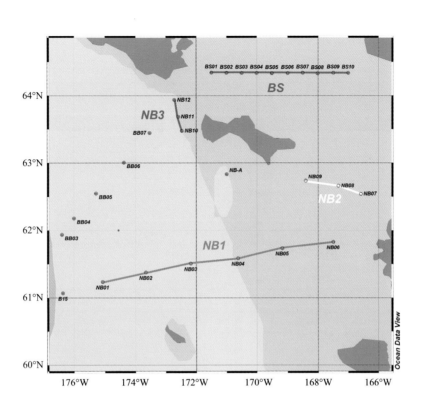

图 5-2　中国第 4 次北极科学考察白令海北部断面观测站位示意图

5.1.2　白令海 B 断面

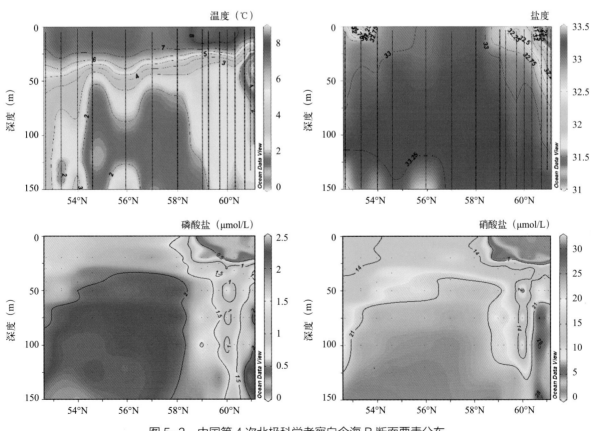

图 5-3　中国第 4 次北极科学考察白令海 B 断面要素分布

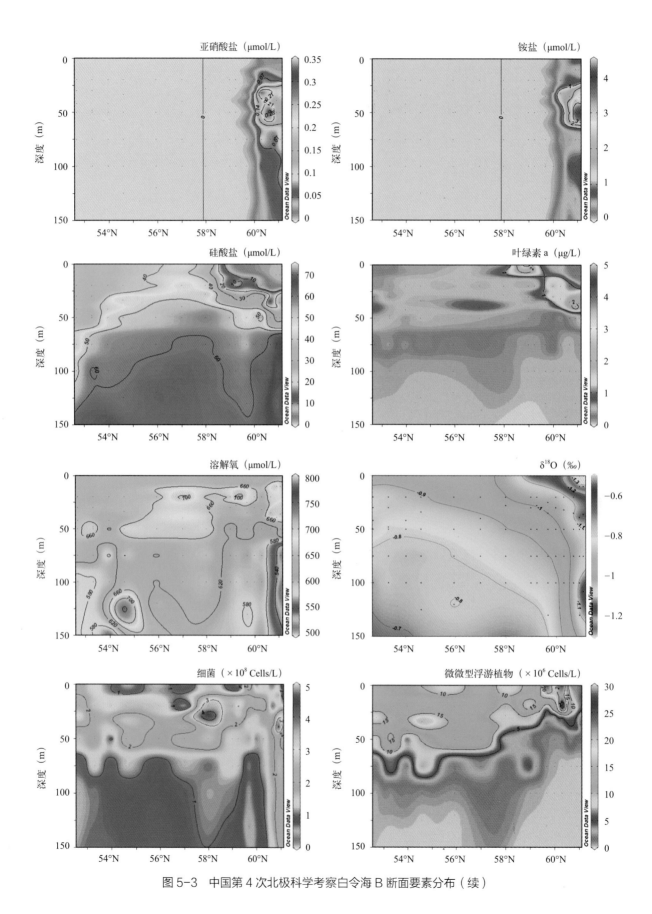

图 5-3 中国第 4 次北极科学考察白令海 B 断面要素分布（续）

5.1.3 白令海 BB 断面

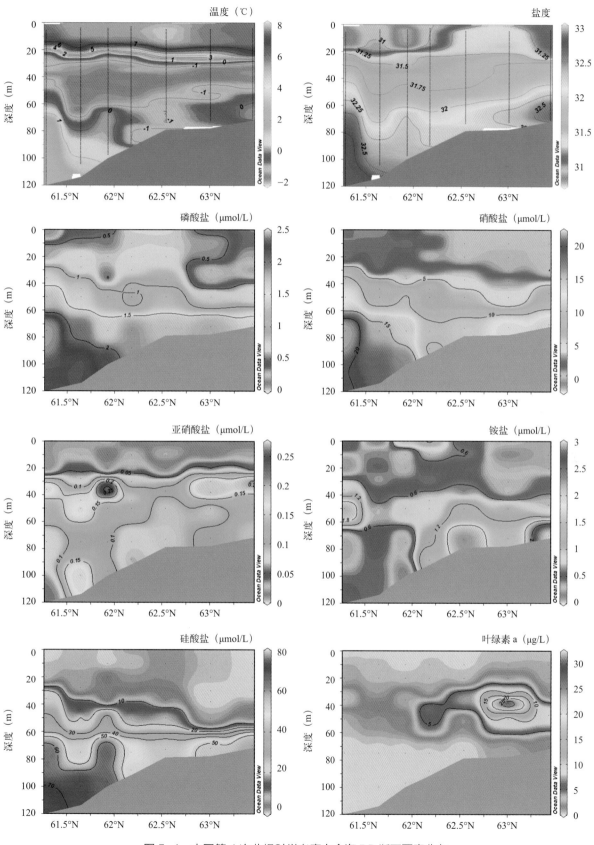

图 5-4 中国第 4 次北极科学考察白令海 BB 断面要素分布

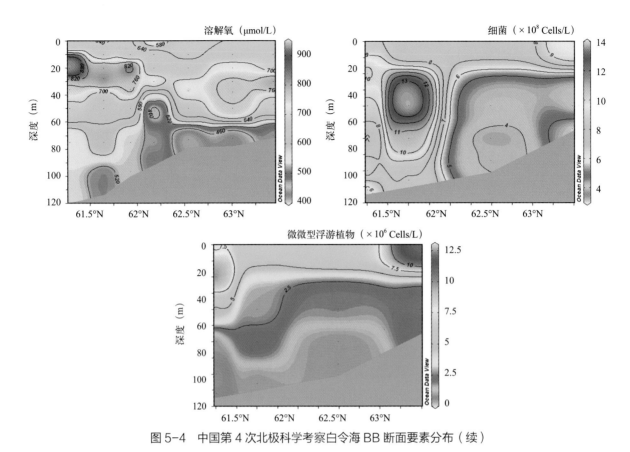

图 5-4　中国第 4 次北极科学考察白令海 BB 断面要素分布（续）

5.1.4　白令海 NB1 断面

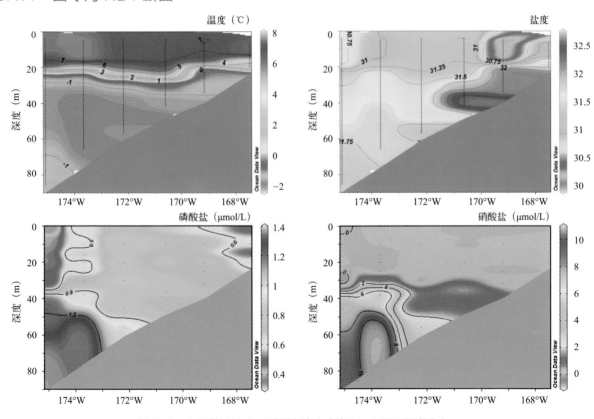

图 5-5　中国第 4 次北极科学考察白令海 NB1 断面要素分布

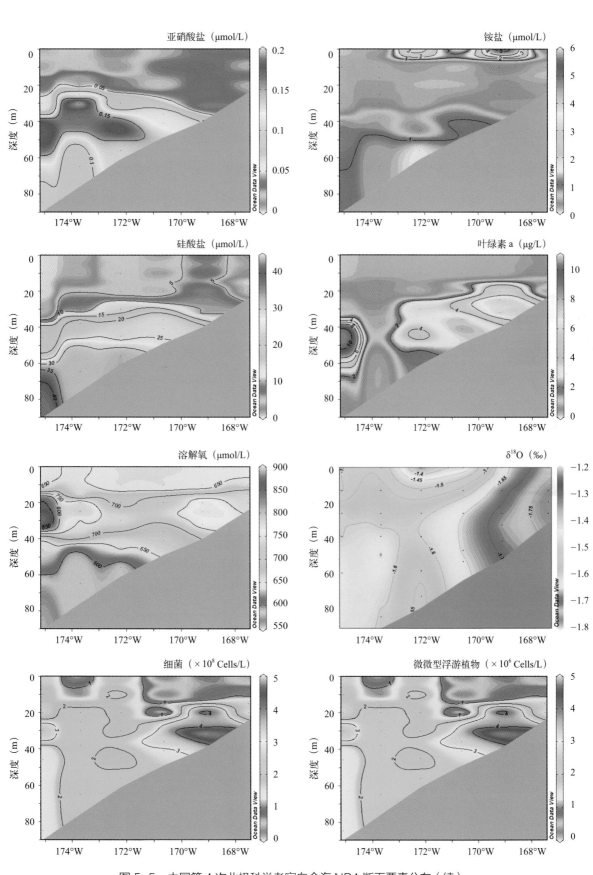

图 5-5　中国第 4 次北极科学考察白令海 NB1 断面要素分布（续）

5.1.5 白令海 NB2 断面

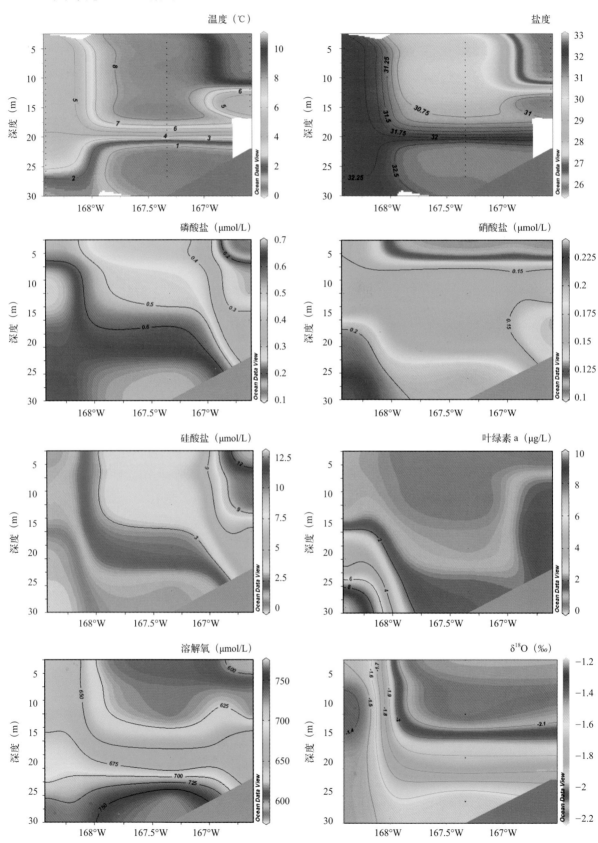

图 5-6 中国第 4 次北极科学考察白令海 NB2 断面要素分布

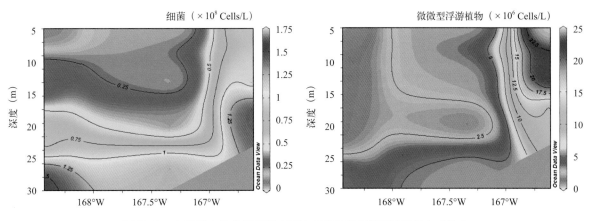

图 5-6 中国第 4 次北极科学考察白令海 NB2 断面要素分布（续）

5.1.6 白令海 NB3 断面

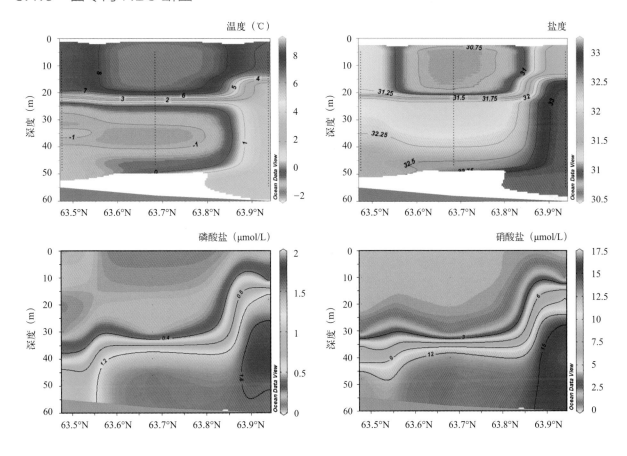

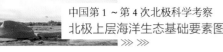

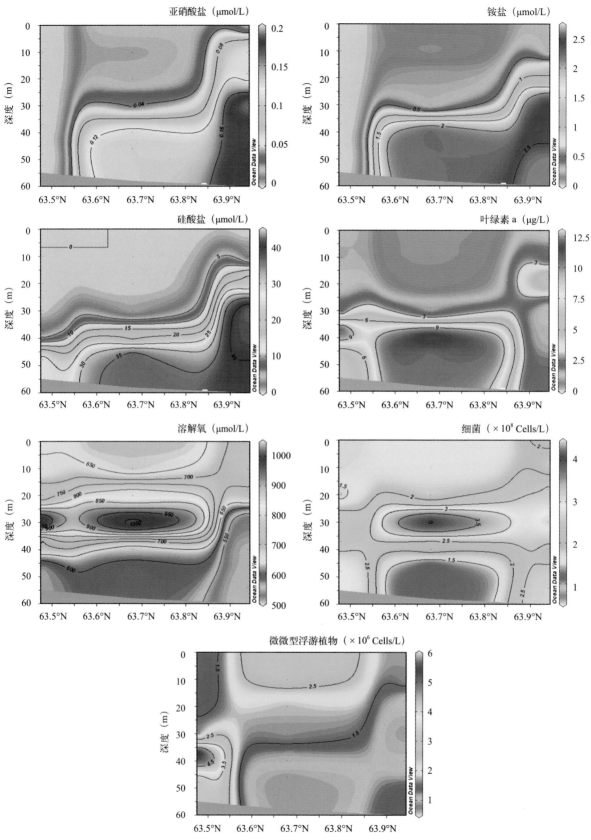

图 5-7　中国第 4 次北极科学考察白令海 NB3 断面要素分布（续）

5.1.7 白令海 BS 断面

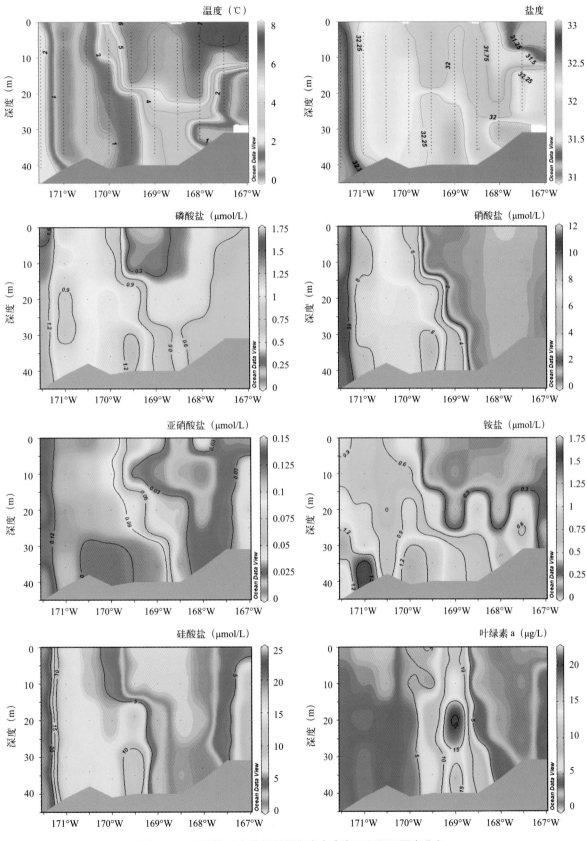

图 5-8 中国第 4 次北极科学考察白令海 BS 断面要素分布

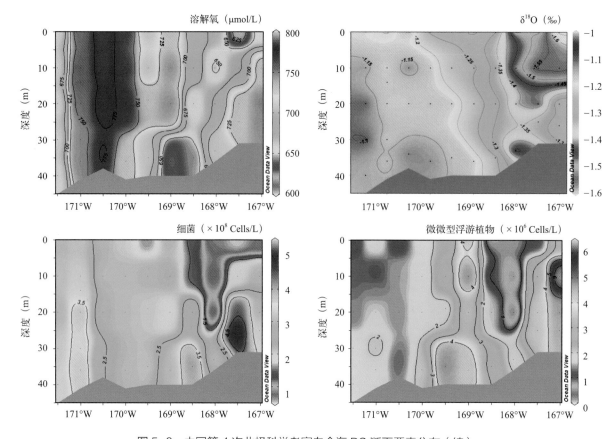

图 5-8　中国第 4 次北极科学考察白令海 BS 断面要素分布（续）

5.2　楚科奇海和波弗特海基础要素断面图

5.2.1　楚科奇海和波弗特海断面设置

在楚科奇海设有 7 条断面，共 49 个站位。其中：

（1）R 断面包括：R01、R02、CC1、R03、R04、R05、R06、R07、R08、R09，共 10 个观测站位；

（2）SR2 断面包括：SR01、SR02、SR03、SR04、SR05、SR06、SR07、SR08、SR09、SR10、SR11、SR12，共 12 个观测站位；

（3）CC 断面包括：CC1、CC2、CC3、C4、CC5、CC6、CC7、CC8，共 8 个观测站位；

（4）C1 断面包括：C01、C02、C03，共 3 个观测站位；

（5）C2 断面包括：C04、C05、C06，共 3 个观测站位；

（6）C3 断面包括：C07、C08、C09，共 3 个观测站位；

（7）Co 断面包括：Co1、Co2、Co3、Co4、Co5、Co6、Co7、Co8、Co9、C10，共 10 个观测站位；

在波弗特海设有 1 条断面，共 5 个观测站位。其中：

（1）S 断面包括：S21、S22、S23、S24、S25，共 5 个观测站位。

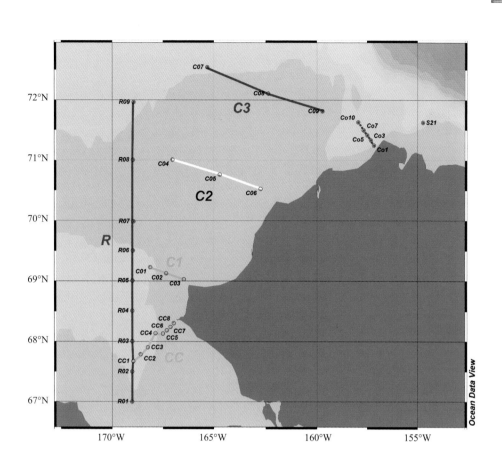

图 5-9　中国第 4 次北极科学考察楚科奇海断面观测站位示意图

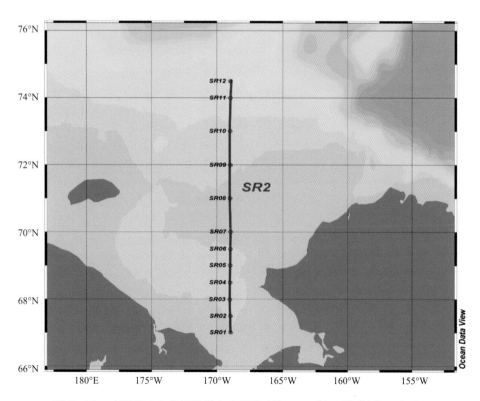

图 5-10　中国第 4 次北极科学考察楚科奇海 SR2 断面观测站位示意图

5.2.2 楚科奇海 R 断面

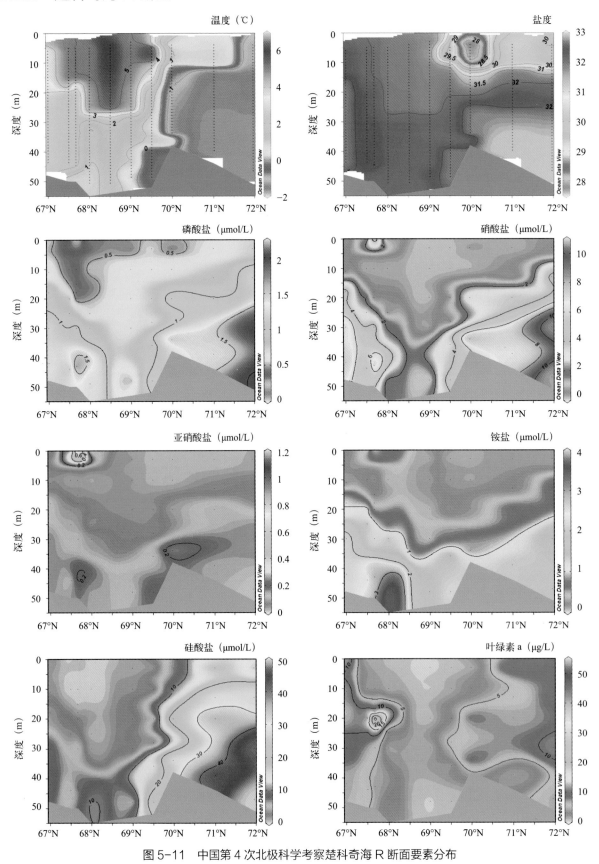

图5-11 中国第4次北极科学考察楚科奇海 R 断面要素分布

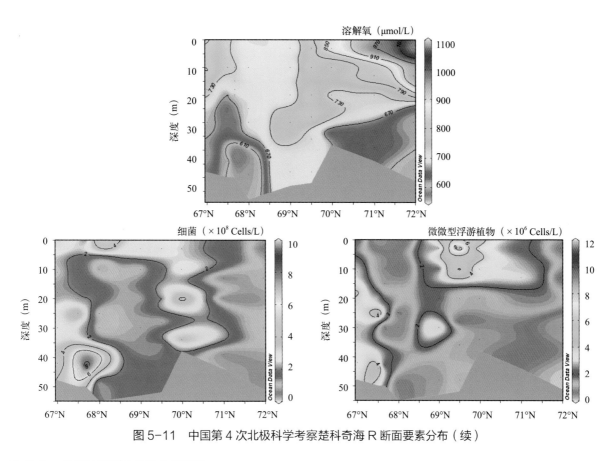

图 5-11　中国第 4 次北极科学考察楚科奇海 R 断面要素分布（续）

5.2.3　楚科奇海 SR2 断面

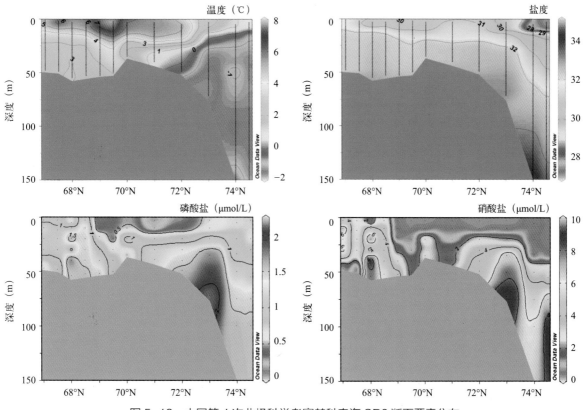

图 5-12　中国第 4 次北极科学考察楚科奇海 SR2 断面要素分布

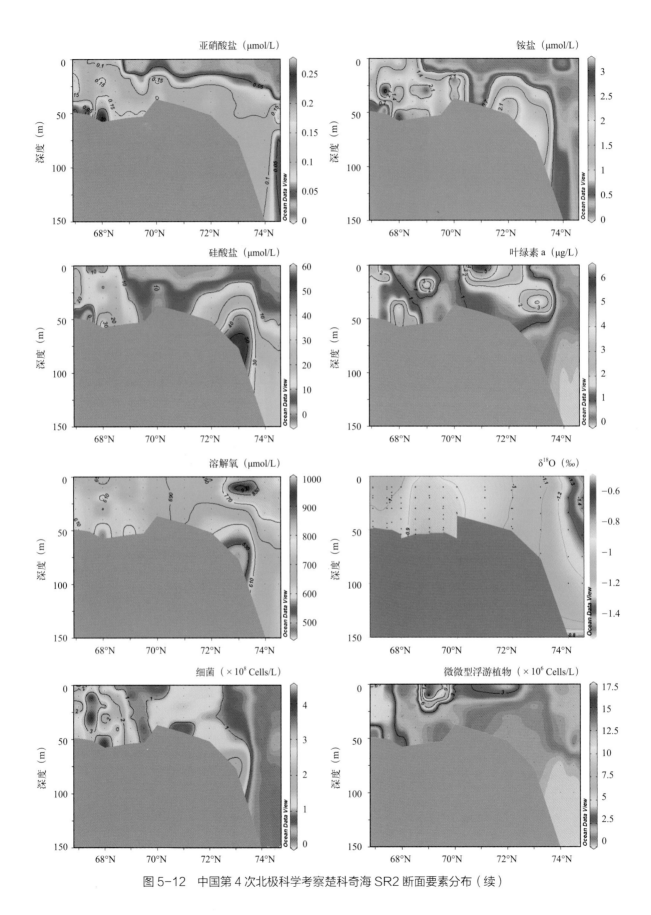

图 5-12　中国第 4 次北极科学考察楚科奇海 SR2 断面要素分布（续）

5.2.4 楚科奇海 CC 断面

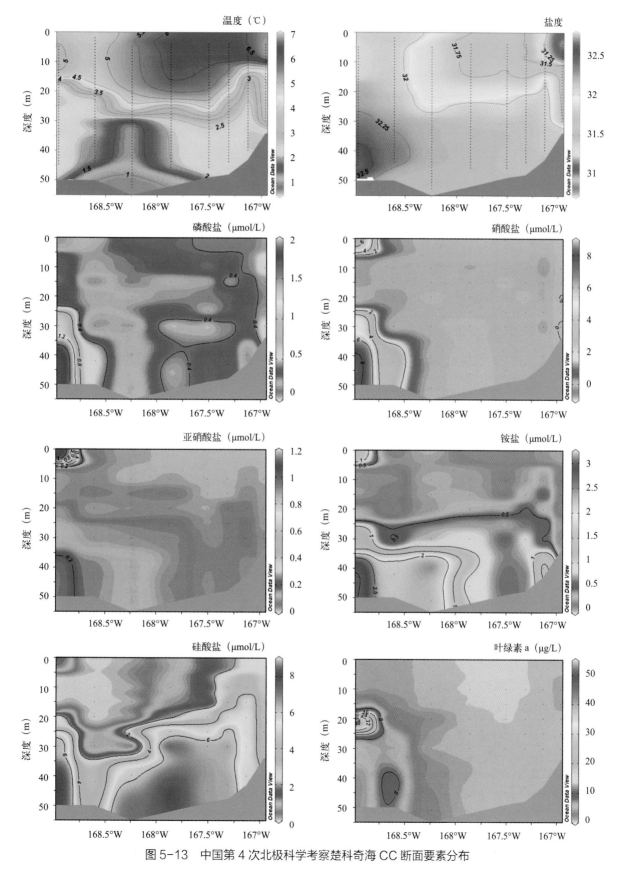

图 5-13 中国第 4 次北极科学考察楚科奇海 CC 断面要素分布

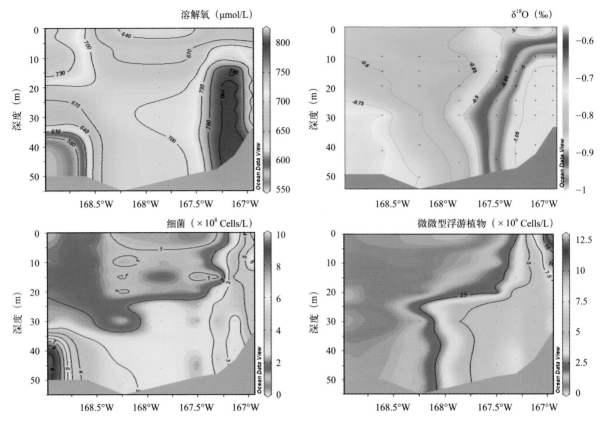

图5-13 中国第4次北极科学考察楚科奇海CC断面要素分布（续）

5.2.5 楚科奇海C1断面

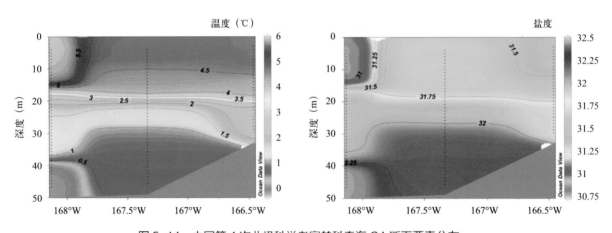

图5-14 中国第4次北极科学考察楚科奇海C1断面要素分布

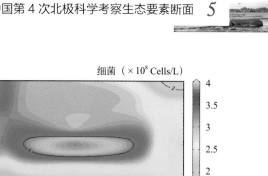

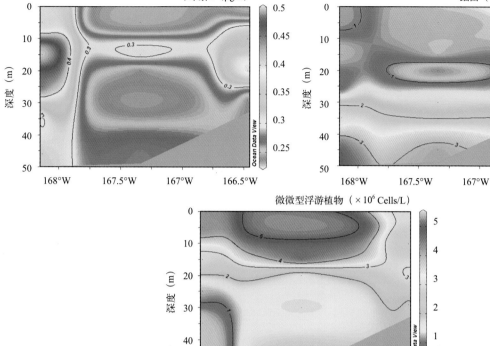

图 5-14　中国第 4 次北极科学考察楚科奇海 C1 断面要素分布（续）

5.2.6　楚科奇海 C2 断面

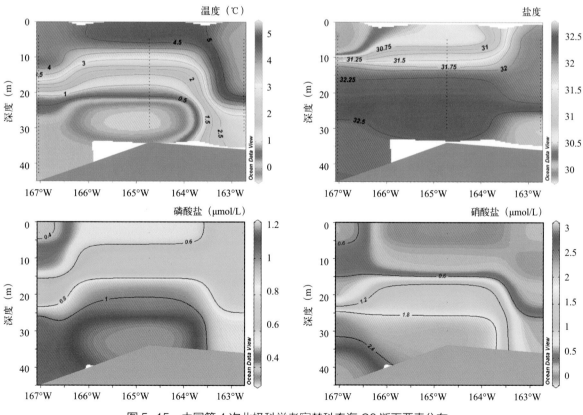

图 5-15　中国第 4 次北极科学考察楚科奇海 C2 断面要素分布

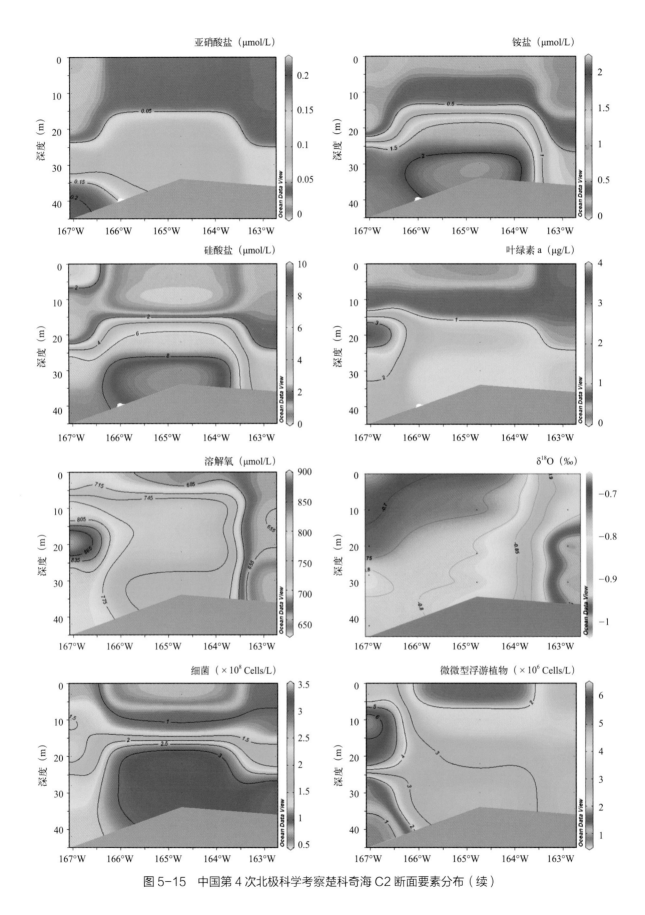

图 5-15 中国第 4 次北极科学考察楚科奇海 C2 断面要素分布（续）

5.2.7　楚科奇海 C3 断面

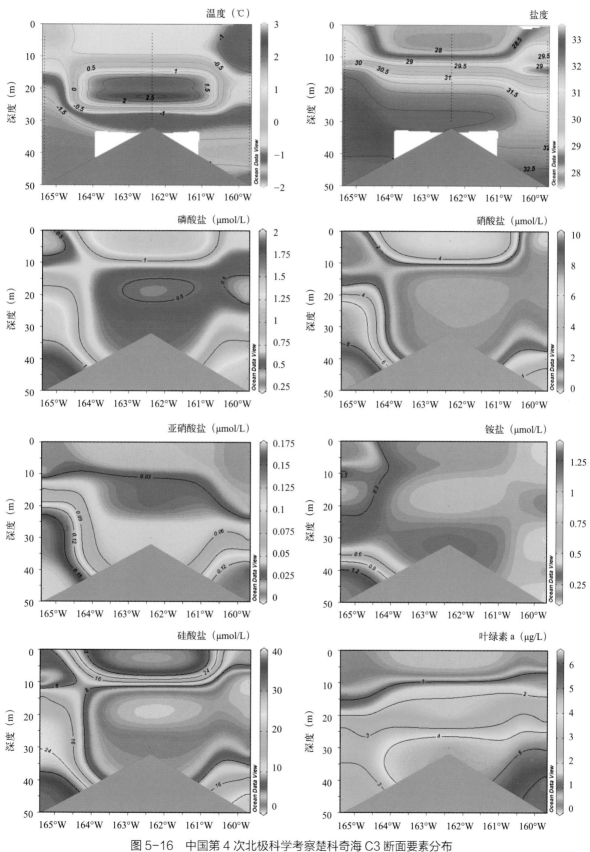

图 5-16　中国第 4 次北极科学考察楚科奇海 C3 断面要素分布

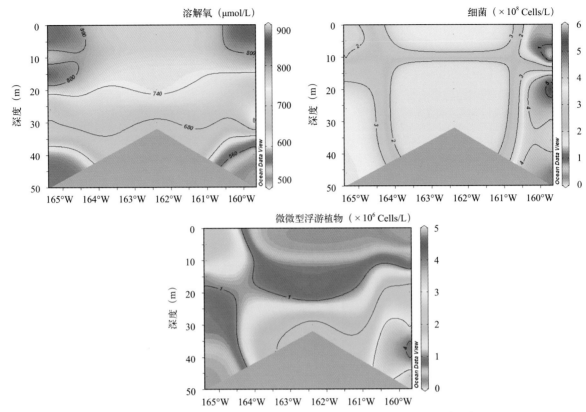

图 5-16　中国第 4 次北极科学考察楚科奇海 C3 断面要素分布（续）

5.2.8　楚科奇海 Co 断面

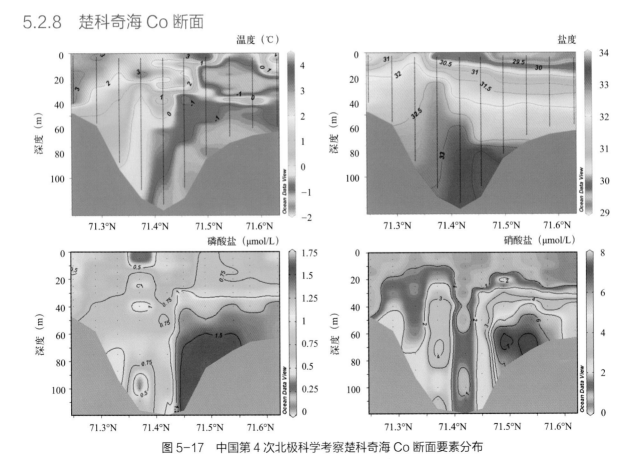

图 5-17　中国第 4 次北极科学考察楚科奇海 Co 断面要素分布

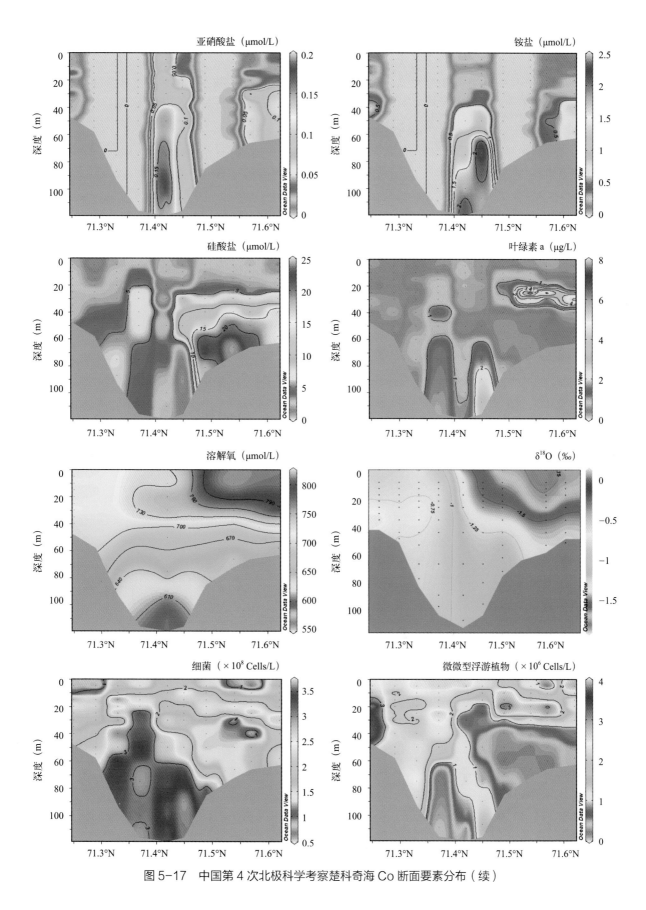

图 5-17　中国第 4 次北极科学考察楚科奇海 C0 断面要素分布（续）

5.2.9　波弗特海 S 断面

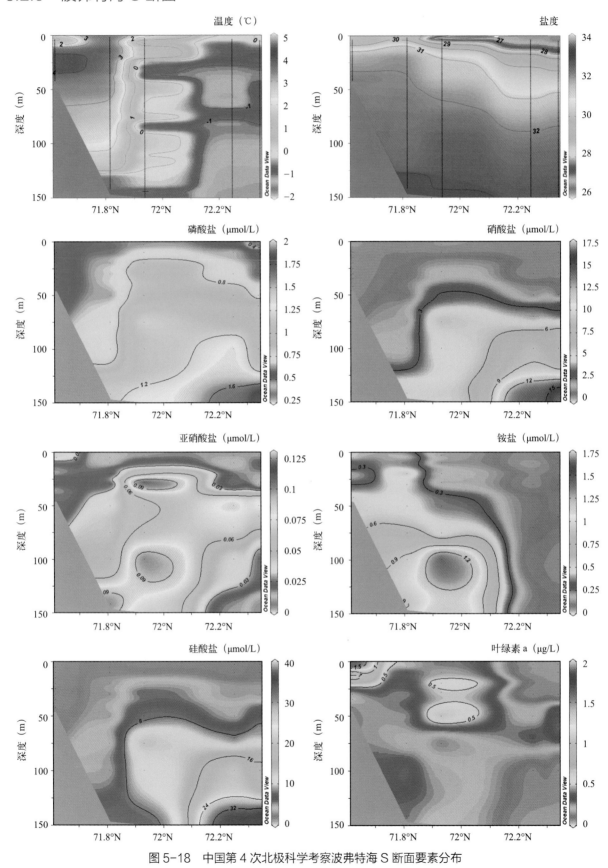

图 5-18　中国第 4 次北极科学考察波弗特海 S 断面要素分布

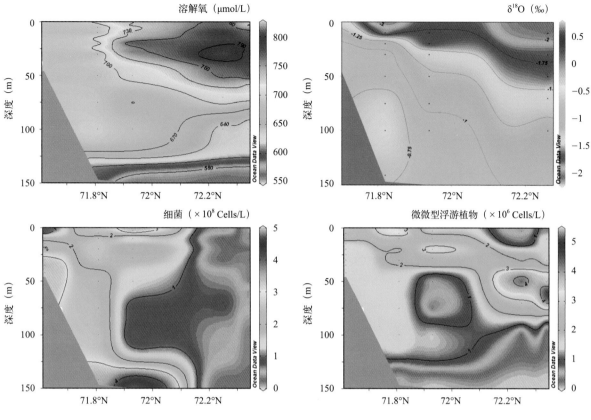

图 5-18　中国第 4 次北极科学考察波弗特海 S 断面要素分布（续）

5.3　加拿大海盆基础要素断面图

5.3.1　加拿大海盆断面设置

在加拿大海盆设有 4 条断面，共 30 个站位。其中：

（1）MS 断面包括：S25、S26、MS01、MS02、MS03、MOR1、MOR2，共 7 个观测站位；

（2）BN 断面包括：BN01、BN02、BN03、BN04、BN05、BN06、BN07、BN08、BN09、BN10、BN11，共 11 个观测站位；

（3）SR1 断面包括：SR16、SR17、SR18、SR20、SR22，共 5 个观测站位；

（4）M 断面包括：M01、M02、M03、M04、M05、M06、M07，共 7 个观测站位。

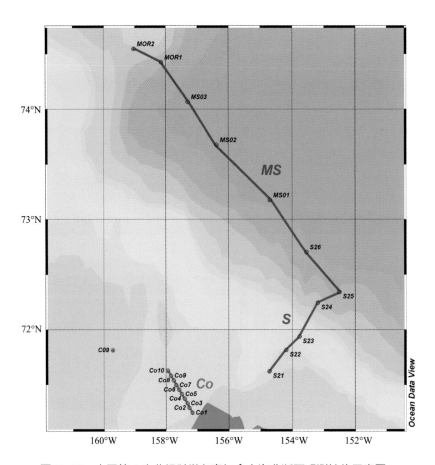

图 5-19　中国第 4 次北极科学考察加拿大海盆断面观测站位示意图

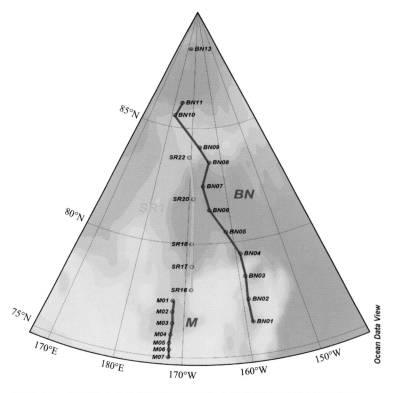

图 5-20　中国第 4 次北极科学考察加拿大海盆断面观测站位示意图

5.3.2　加拿大海盆 MS 断面

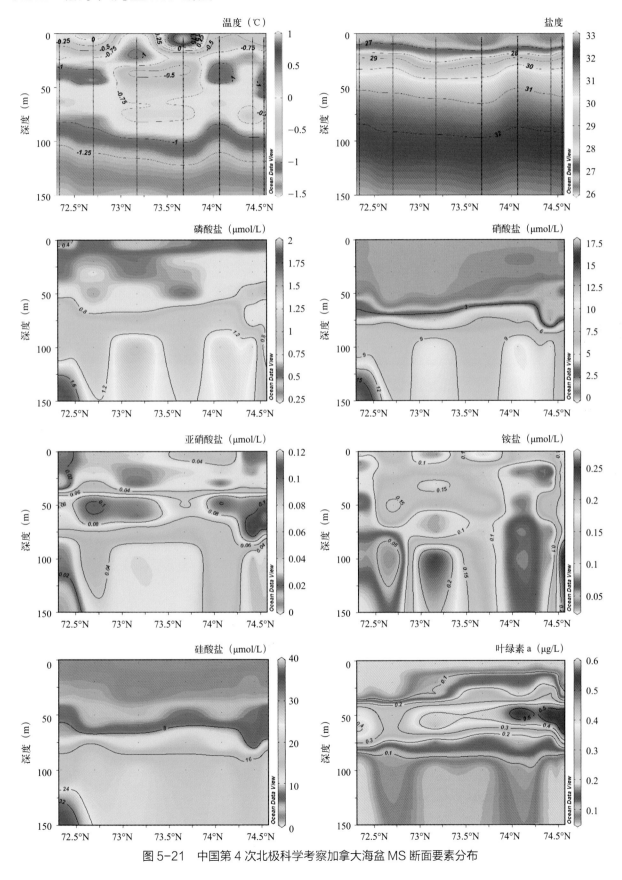

图 5-21　中国第 4 次北极科学考察加拿大海盆 MS 断面要素分布

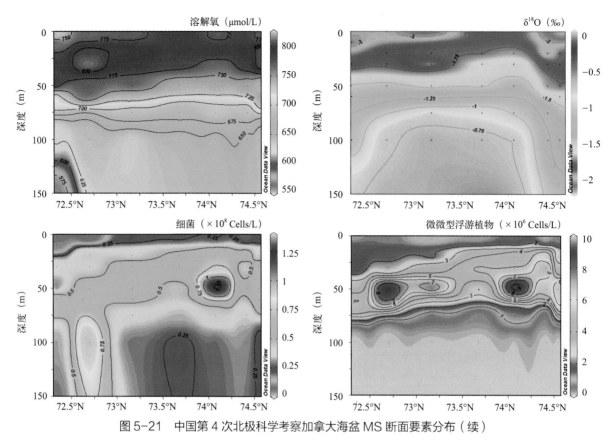

图 5-21 中国第 4 次北极科学考察加拿大海盆 MS 断面要素分布（续）

5.3.3　加拿大海盆 BN 断面

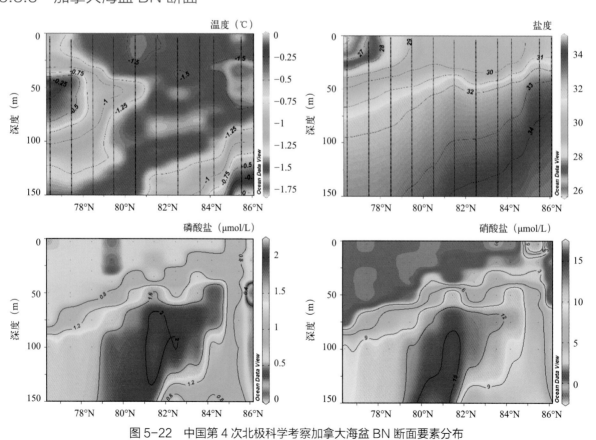

图 5-22 中国第 4 次北极科学考察加拿大海盆 BN 断面要素分布

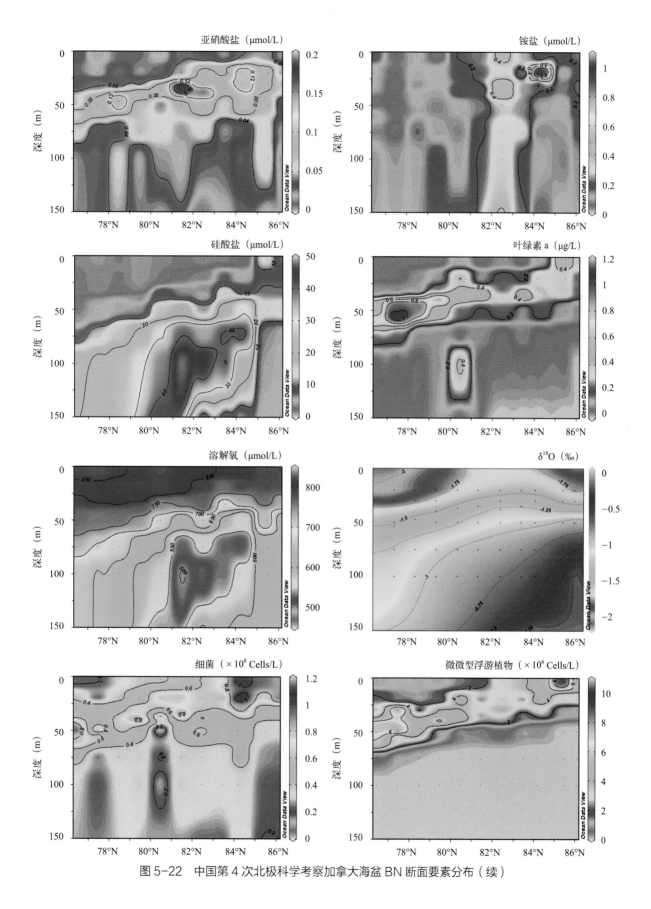

图 5-22 中国第 4 次北极科学考察加拿大海盆 BN 断面要素分布（续）

5.3.4 加拿大海盆 SR1 断面

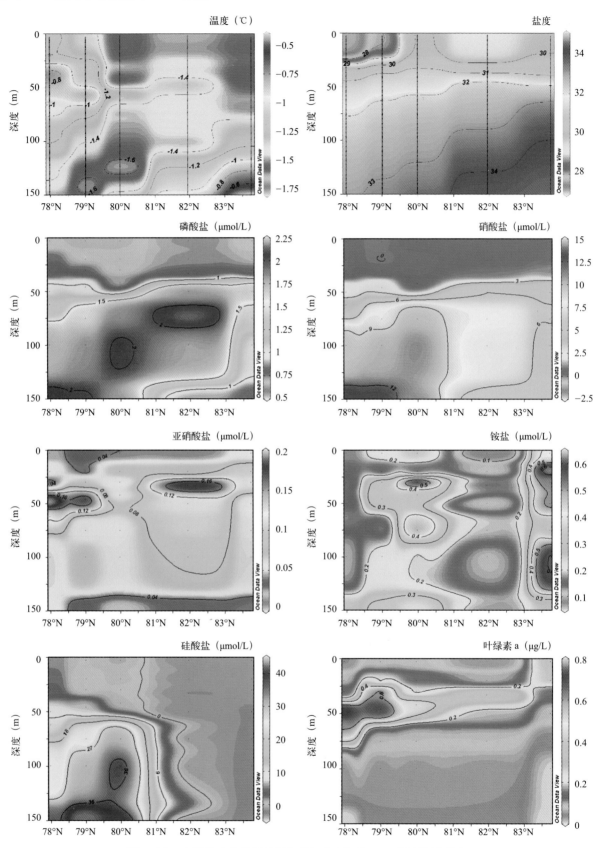

图 5-23　中国第 4 次北极科学考察加拿大海盆 SR1 断面要素分布

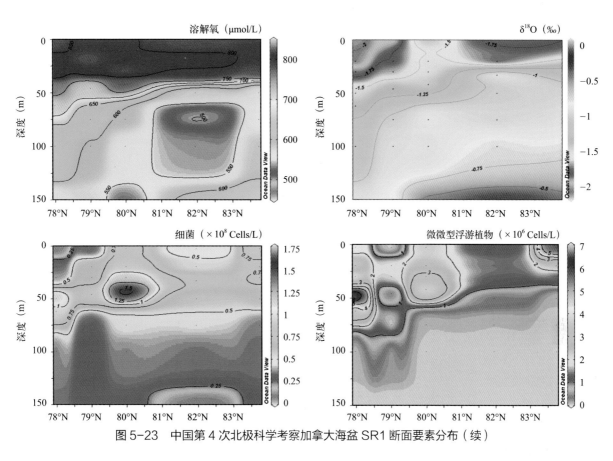

图 5-23　中国第 4 次北极科学考察加拿大海盆 SR1 断面要素分布（续）

5.3.5　加拿大海盆 M 断面

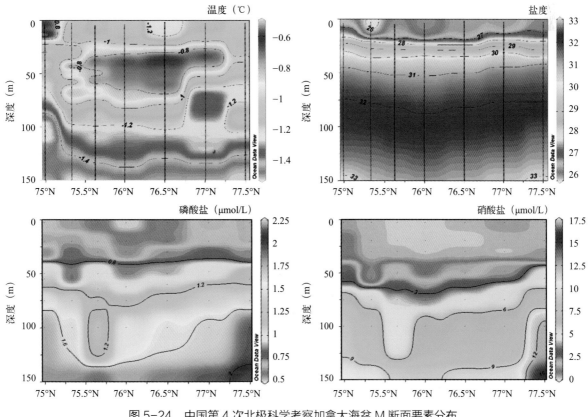

图 5-24　中国第 4 次北极科学考察加拿大海盆 M 断面要素分布

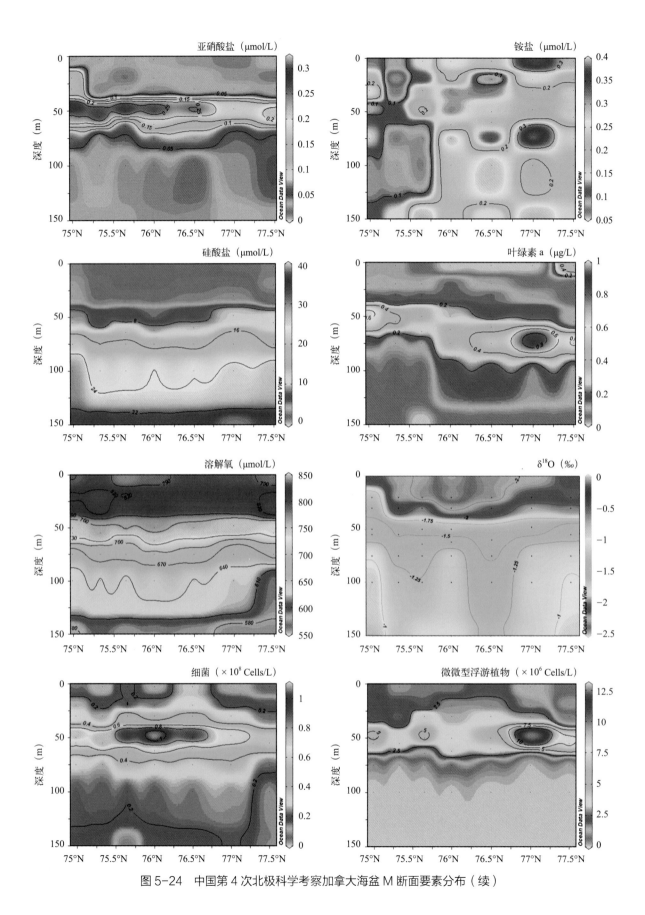

图 5-24 中国第 4 次北极科学考察加拿大海盆 M 断面要素分布（续）

5.4　2010 年北冰洋浮游动物平面图

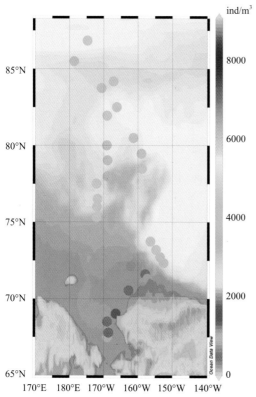

图 5-25　2010 年浮游动物总丰度分布

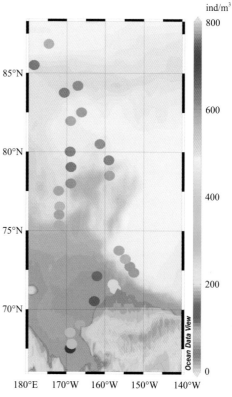

图 5-26　2010 年桡足类浮游动物丰度分布

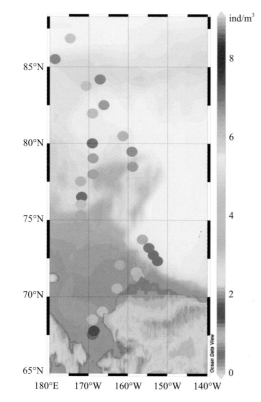

图 5-27　2010 年水母类浮游动物丰度分布

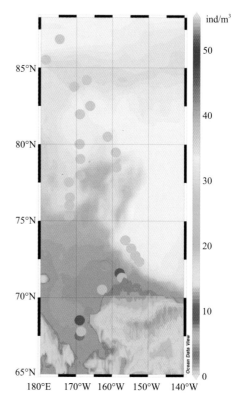

图 5-28　2010 年毛颚类浮游动物丰度分布

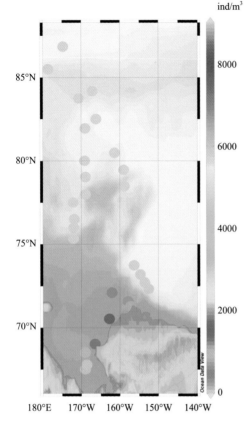

图 5-29　2010 年季节性浮游动物丰度分布

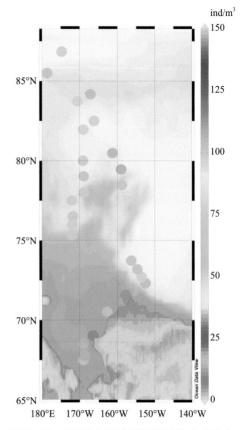

图 5-30　2010 年被囊类浮游动物丰度分布

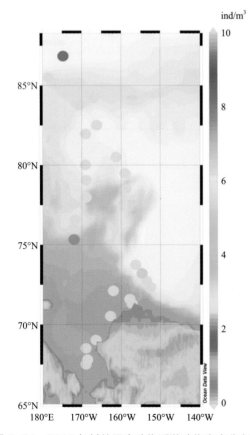

图 5-31　2010 年其他甲壳动物浮游动物丰度分布

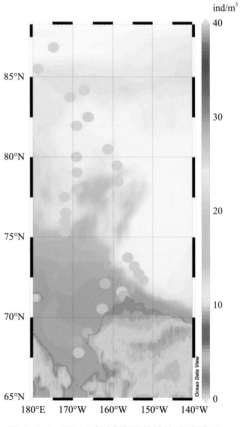

图 5-32　2010 年其他浮游动物丰度分布

参考文献

中国首次北极科学考察队 . 2000. 中国首次北极科学考察报告 . 北京：海洋出版社，191.

张占海，等 . 2004. 中国第二次北极科学考察报告 . 北京：海洋出版社，229.

张海生，等 . 2009. 中国第三次北极科学考察报告 . 北京：海洋出版社，225.

余兴光，等 . 2011. 中国第四次北极科学考察报告 . 北京：海洋出版社，254

陈红霞，刘娜，张洁，等 . 2014. 中国极地科学考察水文数据图集概论 . 北京：海洋出版社，123.

附　件

附件 1　中国第 1 ~ 第 4 次北极科学考察海洋断面图件索引表

考察年份	海域	断面名	观测站名	观测日期
1999	楚科奇海	R	C1、C2、C3、C4、C5、C6	7 月 14 日
	白令海	B1	B-1-1、B-1-2、B-1-3、B-1-4、B-1-5、B-1-6、B-1-7、B-1-8、B-1-9、B-1-10、B-1-11、B-1-12、B-1-13	7 月 20—23 日
		B2	B-2-1、B-2-2、B-2-3、B-2-4、B-2-5、B-2-6、B-2-7、B-2-8、B-2-9、B-2-10、B-2-11、B-2-12	7 月 24—31 日
		B5	B-5-1、B-5-2、B-5-3、B-5-4、B-5-5、B-5-6、B-5-7、B-5-8、B-5-9、B-5-10	7 月 24 日—8 月 1 日
		BB	B-1-1、B-2-1、B-3-1、B-4-1、B-5-1、B-6-1、B-6-3	7 月 23—27 日
	楚科奇海	RA	P6600、P6630、P6700、P6730、P6800、P6830、P6900、P6930、P7000、P7030、P7100、P7142、P7200、P7230	8 月 3—4 日
2003		P	P1、P2、P3、P4、P5	8 月 8—9 日
	白令海	BR	BR21、BR22、BR23、BR24、BR25、BR01、BR02、BR03、BR04、BR05、BR06、BR07、BR08、BR09、BR10、BR11、BR12	7 月 23—27 日
	白令海峡	BS	BS01、BS02、BS03、BS04、BS05、BS06、BS07、BS08、BS09、BS10	7 月 28—29 日
	楚科奇海	R	R01、R02、R03、R04、R05、R06、R07、R08、R09、R10、BY02、R11、R12、R13、R14、R15	7 月 30 日—8 月 2 日
		C1	C11、C12、C13、C14、C15、C16、C17、C18、C19、C10	8 月 2—3 日
		C2	C21、C22、C23、C24、C25、C26	8 月 7 日
		C3	C31、C32、C33、C34、C35	8 月 7—8 日
		RA	R03A、R04A、R05A、R06A、R07A、R08A、R09A、R10A、R11A、R12A、R13A、R14A、R15A、R15X、R16A	8 月 8—10 日
		P	P11、P12、P13、P14、P15、P16、P17	8 月 10—12 日
		S1	S11、S12、S13、S14、S15、S16	8 月 17—18 日
		S2	S21A、S22、S23、S24、S25、S26	8 月 15—16 日
	北冰洋海盆区	PM	M02、M01、P21、P22、P23、P24、P25、P26	9 月 5—7 日
		M	M07、M06、M05、M04、M03、M02	9 月 7—8 日
	楚科奇海	RB	R12B、R13B、R14B、R15B、R16B	9 月 8—9 日
	白令海峡	BSA	BS01A、BS02A、BS03A、BS04A、BS05A、BS06A、BS07A、BS08A、BS09A、BS10A	9 月 12—13 日
2008	白令海盆	BR	BR23、BR24、BR25、BR01、BR02、BR03、BR04、BR05、BR06、BR07、BR08、BR09、BR10、BR11、BR12、BR13、BR14、BR15	7 月 18—24 日
	白令海陆架及海峡	NB1	NB11、NB13、NB15、NB17、NB19	7 月 24—25 日
		NB2	NB22、NB24、NB26、NB28	7 月 25—26 日
		BS	BS01、BS03、BS04、BS05、BS07、BS09	7 月 26—27 日

考察年份	海域	断面名	观测站名	观测日期
2008	楚科奇海	R	R00、R01、R03、R05、R07、R09、R11、R13、R15、R17	8 月 1—6 日
		RA	R05R、R07R、R09R、R11R、R13R、R15R、R17R	8 月 6—8 日
		C1	R11、C11、C13、C15、C17、C19、C10A	8 月 4—5 日
		C2	R09、C21、C23、C25	8 月 3 日
		C3	R05、C31、C33、C35	8 月 2 日
		B1	B11、B12、B13、B14	8 月 7—8 日
		N	P31、N04、N03、N02、N01	9 月 2—4 日
	加拿大海盆	B	B77、B78、B79、B80、B81、B82、B83、B84、B84A	8 月 15—19 日
		B2	P23、P25、P27、B21、B22、B23、B24	8 月 11—13 日
		B3	P37、P38、B31、B32、B33	8 月 13—14 日
		D	D80、D81、D82、D83、D84	8 月 30 日—9 月 1 日
	波弗特海	S1	S11、S12、S13、S14、S15、S16	8 月 8—9 日
		S2	S21、S22、S23、S24、S25、S26	8 月 9—10 日
	门捷列夫深海平原	M	M07、M06、M05、M04、M03、M02、M01	9 月 4—6 日
2010	白令海	B	B01、B02、B03、B04、B05、B06、B07、B08、B09、B10、B11、B12、B13、B14、B15	7 月 10—15 日
		BB	BB01、BB02、BB03、BB04、BB05、BB06、BB07	7 月 15—16 日
		NB1	NB01、NB02、NB03、NB04、NB05、NB06	7 月 16—17 日
		NB2	NB09、NB08、NB07	7 月 17—18 日
		NB3	NB10、NB11、NB12	7 月 18 日
		BS	BS01、BS02、BS03、BS04、BS05、BS06、BS07、BS08、BS09、BS10	7 月 19 日
	楚科奇海	R	R01、R02、CC1、R03、R04、R05、R06、R07、R08、R09	7 月 20—24 日
		CC	CC1、CC2、CC3、CC4、CC5、CC6、CC7、CC8	7 月 20—21 日
		C1	C01、C02、C03	7 月 21 日
		C2	C04、C05、C06	7 月 23 日
		C3	C07、C08、C09	7 月 24—25 日
		Co	Co1、Co2、Co3、Co4、Co5、Co6、Co7、Co8、Co9、Co10	7 月 25 日
		S	S21、S22、S23、S24、S25	7 月 25—26 日
		MS	S25、S26、MS01、MS02、MS03、Mor1、Mor2	7 月 26—29 日
	加拿大海盆	BN	BN01、BN02、BN03、BN04、BN05、BN06、BN07、BN08、BN09、BN10、BN11	7 月 30 日—8 月 6 日
		SR1	SR16、SR17、SR18、SR20、SR22	8 月 23—25 日
		M	M07、M06、M05、M04、M03、M02、M01	8 月 26—28 日
		SR2	SR01、SR02、SR03、SR04、SR05、SR06、SR07、SR08、SR09、SR10、SR11、SR12	8 月 29—30 日

附件 2　中国首次北极科学考察 CTD 站位信息表

序号 #	站名 Name	纬度 Latitude	经度 Longitude	时间 Date and Time		水深 Depth （m）	压强最大值 P_{max} （db）	温度最小值 T_{min} （℃）	温度最大值 T_{max} （℃）	盐度最小值 S_{min}	盐度最大值 S_{max}
1	C1	67°29.90′N	170°06.00′W	7–14	04:56	47	47.0	−0.0489	5.8785	32.5117	33.0036
2	C2	68°00.10′N	169°59.00′W	7–14	08:17	56	46.0	−0.2445	7.8413	32.0515	32.9157
3	C3	68°30.00′N	170°00.00′W	7–14	10:30	56	56.0	−0.2674	6.6287	31.9834	32.5455
4	C4	69°00.50′N	169°59.30′W	7–14	13:42	55	56.0	−0.7556	6.8365	32.0698	32.6492
5	C5	69°20.00′N	170°00.00′W	7–14	15:47	52	52.0	−0.7293	7.3581	31.6194	32.6859
6	C6	69°59.90′N	170°00.60′W	7–14	23:29	47	32.0	−1.7252	0.5888	27.1402	33.0736
7	C7	69°59.10′N	172°14.60′W	7–15	07:36	59	45.0	−1.7469	1.0893	23.8664	33.0435
8	C8	70°00.70′N	174°59.50′W	7–15	21:08	54	54.0	−0.7026	4.2627	23.6563	33.2707
9	C9	70°29.70′N	175°01.70′W	7–16	01:20	54	51.0	−1.7468	1.0797	20.7198	33.3297
10	C10	71°00.10′N	173°54.30′W	7–16	20:36	38	33.0	−1.4430	−0.6102	29.1346	33.3496
11	C11	71°01.30′N	172°29.60′W	7–17	02:06	38	36.0	−1.7529	−1.3974	31.1134	33.3506
12	C12	70°40.10′N	170°02.10′W	7–17	17:54	50	31.0	−1.6785	−1.1208	28.5499	33.1519
13	C13	70°28.80′N	167°10.20′W	7–18	11:28	50	48.0	−1.6337	−0.2100	31.1689	32.7705
14	C14	70°00.00′N	167°30.60′W	7–18	18:55	47	45.0	−0.1492	4.8083	32.1692	32.5884
15	B–1–13	60°55.20′N	177°45.20′W	7–20	18:10	140	129.0	−1.4819	7.0147	31.5948	32.8868
16	B–1–12	60°39.70′N	178°14.20′W	7–20	20:21	165	153.0	−1.4316	6.7470	31.9027	32.9715
17	B–1–11	60°31.70′N	178°44.70′W	7–20	23:38	235	225.0	1.4330	7.1374	32.5402	33.3260
18	B–1–10	60°24.80′N	179°04.70′W	7–21	01:24	516	504.0	1.5486	7.0395	32.5684	33.9582
19	B–1–9	60°15.20′N	179°25.80′W	7–21	04:18	840	810.0	1.4554	7.5897	32.6757	34.2288
20	B–1–8	59°59.70′N	179°59.50′W	7–21	11:15	2695	2591.0	1.7035	7.5484	32.6513	34.6305
21	B–1–7	59°05.00′N	179°39.50′E	7–21	14:13	2680	2598.0	1.6689	7.6332	32.5855	34.6412
22	B–1–6	59°39.60′N	179°19.70′E	7–21	18:17	3200	3054.0	0.8385	8.0759	32.6868	34.6560
23	B–1–5	59°29.80′N	179°00.30′E	7–21	22:10	3440	3359.0	0.9347	7.4696	32.9314	34.6668
24	B–1–4	58°59.40′N	177°55.40′E	7–22	03:18	3720	3567.0	0.5342	7.8155	32.8799	34.6648
25	B–1–3	58°00.20′N	176°09.40′E	7–22	17:49	3780	3664.0	0.7083	7.2983	32.9707	34.6671
26	B–1–2	56°59.80′N	174°30.50′E	7–23	07:31	3800	3718.0	0.7672	7.7556	33.0057	34.6675
27	B–1–1	55°59.80′N	173°21.10′E	7–23	17:45	3850	3723.0	1.6009	8.4388	32.3319	34.6660
28	B–2–1	56°00.10′N	176°00.60′E	7–24	04:51	3860	2754.0	1.0420	7.9997	32.5628	34.6417
29	B–3–1	56°00.00′N	177°59.80′E	7–24	14:34	3860	2596.0	1.6954	7.7324	32.9029	34.6324

序号 #	站名 Name	纬度 Latitude	经度 Longitude	时间 Date and Time		水深 Depth （m）	压强最大 值 P_{max} （db）	温度最小 值 T_{min} （℃）	温度最大 值 T_{max} （℃）	盐度 最小值 S_{min}	盐度 最大值 S_{max}
30	B−5−1	55°59.90′N	179°59.10′W	7−24	23:59	3830	2139.0	1.3100	7.3413	32.9071	34.5969
31	B−6−1	56°02.80′N	178°01.20′W	7−25	10:23	3780	1992.0	1.6724	7.4210	32.9100	34.5824
32	B−6−3	55°59.50′N	175°59.90′W	7−25	17:36	3720	2035.0	1.8685	7.6111	32.8452	34.5917
33	B−6−2	56°59.60′N	176°58.70′W	7−25	23:17	3390	2544.0	1.7115	7.7117	32.7865	34.6301
34	B−5−3	57°31.30′N	177°39.30′W	7−26	06:34	3680	3223.0	1.6023	7.6739	32.8849	34.6584
35	B−5−2	57°03.00′N	178°23.10′W	7−26	21:06	3770	3300.0	1.5662	7.6540	32.8878	34.6576
36	B−4−1	56°59.90′N	180°00.00′W	7−27	06:54	3810	3709.0	1.6016	7.6188	32.6576	34.6650
37	B−3−2	57°00.00′N	178°24.60′E	7−27	18:24	3830	3775.0	1.5906	8.1002	32.4829	34.6637
38	B−2−2	56°59.70′N	177°14.00′E	7−28	02:03	3800	3772.0	0.8972	8.1898	32.5451	34.6640
39	B−2−3	57°59.00′N	178°55.60′E	7−28	13:05	3800	2981.0	1.6255	7.6165	32.8654	34.6331
40	B−4−2	57°59.50′N	179°58.90′W	7−30	00:10	3780	3489.0	1.5201	7.6290	32.9495	34.6566
41	B−2−4	58°31.20′N	179°50.30′E	7−30	09:03	3720	3569.0	1.6032	7.8556	32.8249	34.6579
42	B−2−5	58°48.10′N	179°39.80′W	7−30	14:26	3560	376.0	2.0915	7.7717	32.7521	33.7357
43	B−2−6	59°00.00′N	179°16.40′W	7−30	18:44	3200	3071.0	1.6113	7.7263	32.7611	34.6490
44	B−2−7	59°07.10′N	179°04.80′W	7−30	21:53	3150	2990.0	1.6177	7.5671	32.7578	34.6802
45	B−2−8	59°15.20′N	178°47.00′W	7−30	23:55	2200	2033.0	1.8857	7.5986	32.8341	34.5820
46	B−2−9	59°18.20′N	178°40.20′W	7−31	03:29	2200	2033.0	1.8469	7.7134	32.7850	34.5893
47	B−2−10	59°30.10′N	178°26.10′W	7−31	08:02	420	389.0	2.1216	7.7352	32.8393	33.8073
48	B−2−11	59°33.30′N	178°10.50′W	7−31	10:53	180	159.0	1.1908	7.3414	32.5823	33.0091
49	B−2−12	59°43.00′N	177°50.80′W	7−31	12:31	162	143.0	0.1513	7.3522	32.2264	33.0863
50	B−5−4	58°03.60′N	176°39.50′W	7−31	22:11	3370	2967.0	1.6397	7.8013	32.6187	34.6412
51	B−5−5	58°12.30′N	176°24.40′W	8−1	03:47	3200	3004.0	1.6341	7.8165	32.8353	34.6401
52	B−5−6	58°21.70′N	176°16.10′W	8−1	8:19	2750	2545.0	1.7130	7.8656	32.7217	34.6229
53	B−5−7	58°26.00′N	176°10.80′W	8−1	10:42	2440	981.0	2.6636	8.1762	32.8110	34.3173
54	B−5−8	58°32.30′N	176°04.50′W	8−1	14:35	420	367.0	2.9808	7.5962	32.6864	33.7637
55	B−5−9	58°34.20′N	175°59.20′W	8−1	15:19	180	149.0	2.7995	7.9132	32.6620	33.1336
56	B−5−10	58°39.90′N	175°53.90′W	8−1	16:11	139	128.0	2.3411	8.0315	32.4141	33.0533
57	P6600	66°00.30′N	169°07.60′W	8−3	02:39	49	43.0	1.2563	3.5353	32.1569	32.3283
58	P6630	66°30.20′N	169°52.90′W	8−3	05:30	51	47.0	0.6414	3.7127	32.3367	32.5974
59	P6700	67°00.30′N	169°58.60′W	8−3	08:03	47	43.0	1.6342	2.3740	31.9432	32.6778

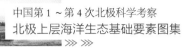

续表 2

序号 #	站名 Name	纬度 Latitude	经度 Longitude	时间 Date and Time		水深 Depth （m）	压强最大 值 P_{max} （db）	温度最小 值 T_{min} （℃）	温度最大 值 T_{max} （℃）	盐度 最小值 S_{min}	盐度 最大值 S_{max}
60	P6730	67°30.00′N	169°59.40′W	8–3	10:25	46	42.0	1.4002	2.0399	28.6047	33.1476
61	P6800	68°00.40′N	169°59.30′W	8–3	13:02	51	47.0	−0.5374	4.7994	31.7131	33.5227
62	P6830	68°30.20′N	170°00.30′W	8–3	15:32	53	48.0	1.6212	4.5483	31.3271	33.0485
63	P6900	69°00.10′N	170°01.00′W	8–3	18:05	52	50.0	2.2882	3.8794	32.6631	32.7187
64	P6930	69°30.30′N	169°59.60′W	8–3	20:38	51	50.0	2.2582	4.2555	32.4109	32.7089
65	P7000	70°00.40′N	169°58.60′W	8–4	01:37	35	33.0	−0.6827	5.9661	30.1210	32.6766
66	P7030	70°30.30′N	169°59.50′W	8-4	01:33	30	26.0	−1.6543	0.0356	30.0970	32.7296
67	P7100	70°59.30′N	169°59.50′W	8–4	04:03	40	37.0	−1.1619	−0.1461	28.6339	33.0684
68	P7142	71°42.00′N	168°52.60′W	8–4	09:10	50	47.0	−1.6996	0.7588	29.7812	33.2864
69	P7200	72°00.20′N	168°40.30′W	8–4	17:12	45	49.0	−1.7484	0.4838	29.6410	33.5022
70	P7230	72°29.60′N	168°38.20′W	8–4	19:49	54	52.0	−1.7071	−1.0228	30.3106	33.1218
71	P7300	73°00.40′N	165°03.00′W	8–5	05:59	61	57.0	−1.7037	−1.3862	29.3737	32.8369
72	P1	71°15.30′N	160°00.60′W	8–8	17:37	44	43.0	−1.6947	1.1093	29.8474	32.7471
73	P2	71°40.60′N	159°34.30′W	8–8	20:13	50	47.0	−1.6890	1.3840	29.7233	32.6375
74	P3	72°06.40′N	159°09.00′W	8–8	22:53	49	46.0	−1.6501	1.6256	29.7171	31.8605
75	P4	72°22.50′N	158°56.50′W	8–9	00:59	50	47.0	−1.6741	1.2853	28.3428	31.8364
76	P5	73°25.20′N	157°55.90′W	8–9	10:45	2700	2598.0	−1.5622	0.5375	26.3467	34.9362
77	P7458	74°58.90′N	160°35.70′W	8–19	15:34	2100	1935.0	−1.5360	0.7212	27.7314	34.9166
78	P7505	75°05.20′N	161°34.70′W	8–21	02:13	2080	306.0	−1.5125	0.4740	27.8476	34.6981
79	P7516	75°16.10′N	161°55.30′W	8–22	18:54	2080	1929.0	−1.5167	0.7280	27.8908	34.9129
80	T1	56°21.60′N	166°16.10′E	8–31	08:13	3800	508.0	0.5090	9.9901	32.6904	34.1587
81	T2	56°00.10′N	165°26.70′E	8–31	11:05	3500	511.0	0.6453	9.7506	32.4291	34.0604
82	T3	55°45.40′N	164°45.10′E	8–31	14:33	1720	509.0	1.1245	10.5224	32.3608	34.1225

附件 3　中国第 2 次北极科学考察 CTD 站位信息表

序号 ＃	站名 Name	纬度 Latitude	经度 Longitude	时间 Date and Time		水深 Depth （m）	压强最大 值 P_{max} （db）	温度最小 值 T_{min} （℃）	温度最大 值 T_{max} （℃）	盐度最小 值 S_{min}	盐度最大 值 S_{max}
1	BR21	51°37.80′N	168°06.00′E	7−23	20:53	3600	3055.0	1.5761	8.8326	32.9859	34.6606
2	BR22	52°46.83′N	169°21.46′E	7−24	06:33	5000	2539.0	1.6892	9.2264	32.6195	34.6411
3	BR23	53°17.71′N	170°01.88′E	7−24	14:31	2078	1747.0	2.0431	9.3152	32.6338	34.5630
4	BR24	53°58.41′N	170°46.66′E	7−24	22:23	3100	2546.0	1.6674	9.4915	32.1061	34.6368
5	BR25	54°59.83′N	171°49.41′E	7−25	05:03	3700	3054.0	0.9320	9.2712	32.8706	34.6541
6	BR01	56°00.13′N	173°01.63′E	7−25	11:57	3850	3064.0	1.6004	9.9798	32.9491	34.6571
7	BR02	56°59.80′N	174°30.76′E	7−25	20:38	3850	3081.0	1.3942	10.4855	32.9347	34.6564
8	BR03	57°59.55′N	176°10.66′E	7−26	03:50	3780	3062.0	1.6005	10.4876	33.0412	34.6551
9	BR04	58°59.53′N	177°55.50′E	7−26	13:55	3720	3058.0	1.6150	10.4304	32.5892	34.6546
10	BR05	59°29.76′N	179°00.48′E	7−26	19:01	3440	3085.0	1.6042	10.6273	32.8723	34.6560
11	BR06	59°54.96′N	179°41.85′E	7−27	00:55	2680	2006.0	1.8562	10.3402	32.8098	34.5916
12	BR07	60°05.18′N	179°58.88′E	7−27	03:38	2000	1832.0	1.9701	10.5947	32.8864	34.5646
13	BR08	60°14.83′N	179°23.81′W	7−27	08:19	929	813.0	3.0292	10.7095	32.7419	34.2854
14	BR09	60°28.13′N	179°03.45′W	7−27	12:33	435	405.0	3.0583	10.7923	32.7075	33.9883
15	BR10	60°31.76′N	178°44.63′W	7−27	14:03	240	206.0	2.6317	10.5596	32.7925	33.3773
16	BR11	60°39.91′N	178°14.26′W	7−27	15:41	165	144.0	2.8393	10.4301	32.9033	33.1929
17	BR12	60°55.21′N	177°45.00′W	7−27	19:01	138	125.0	2.1825	10.6700	32.7708	33.0896
18	BS01	64°20.06′N	171°30.48′W	7−28	13:52	48	42.0	1.9724	9.3481	31.5403	32.7861
19	BS02	64°20.66′N	171°00.95′W	7−28	15:46	49	38.0	2.0556	9.0514	32.0627	32.7645
20	BS03	64°19.65′N	170°30.56′W	7−28	17:31	46	33.0	2.0458	6.5703	32.0495	32.6756
21	BS04	64°20.30′N	170°00.21′W	7−28	19:12	42	34.0	2.2577	3.7244	32.3667	32.6016
22	BS05	64°20.00′N	169°30.91′W	7−28	20:38	40	33.0	3.3949	5.2963	32.3323	32.4811
23	BS06	64°20.11′N	169°00.38′W	7−28	23:16	40	35.0	3.4311	6.7258	32.1201	32.5465
24	BS07	64°20.38′N	168°30.00′W	7−29	00:53	40	35.0	5.5326	7.6650	31.8414	32.0150
25	BS08	64°20.36′N	168°00.46′W	7−29	02:40	36	33.0	2.4036	7.4057	31.6732	31.9797
26	BS09	64°20.50′N	167°30.35′W	7−29	04:15	38	27.0	3.3881	10.0321	29.2886	31.8573
27	BS10	64°20.05′N	167°00.60′W	7−29	05:38	34	26.0	2.4865	10.4986	28.5675	31.4546
28	BS11	65°30.51′N	168°52.43′W	7−29	14:49	60	52.0	2.9891	7.2388	31.7434	32.4382
29	R01	66°59.46′N	169°00.81′W	7−30	10:20	50	43.0	3.3324	5.7245	31.9484	32.5677

续表 3

序号 ＃	站名 Name	纬度 Latitude	经度 Longitude	时间 Date and Time		水深 Depth （m）	压强最大 值 P_{max} （db）	温度最小 值 T_{min} （℃）	温度最大 值 T_{max} （℃）	盐度最小 值 S_{min}	盐度最大 值 S_{max}
30	R02	67°29.35′N	168°59.63′W	7－30	14:42	50	43.0	2.6721	6.5906	30.2180	32.7745
31	R03	68°00.00′N	169°00.00′W	7－30	17:25	57	51.0	1.9164	5.1477	32.3943	32.9177
32	R04	68°29.83′N	169°01.66′W	7－30	21:24	55	47.0	3.2035	5.2825	32.1481	32.3301
33	R05	69°00.00′N	169°00.00′W	7－30	23:54	55	50.0	2.9110	6.4979	31.2454	32.6088
34	R06	69°29.71′N	169°00.00′W	7－31	02:49	53	46.0	1.4162	4.8908	31.7886	32.2330
35	R07	69°59.75′N	168°59.91′W	7－31	06:28	36	35.0	－0.6575	4.6272	31.9872	32.5359
36	R08	70°29.46′N	169°00.13′W	7－31	09:24	36	35.0	1.7488	4.2581	31.5925	32.2926
37	BY01	70°31.21′N	167°58.13′W	7－31	12:24	47	46.0	－1.5149	4.6364	31.0429	32.5571
38	R09	70°59.81′N	169°00.50′W	7－31	15:15	44	42.0	0.4129	1.4498	31.0194	32.3186
39	R10	71°29.85′N	169°00.56′W	7－31	17:45	50	45.0	－1.4914	0.1440	30.2443	32.5999
40	BY02	71°41.31′N	169°06.55′W	7－31	21:57	50	44.0	－1.6812	－0.5188	30.3338	32.7330
41	R11	72°00.83′N	169°39.90′W	8－1	00:30	55	52.0	－1.5667	－0.8814	29.6753	32.6252
42	R12	72°29.90′N	168°59.50′W	8－1	05:03	77	73.0	－1.6224	－0.9636	29.7756	32.6437
43	R13	73°00.00′N	169°32.73′W	8－1	09:21	67	64.0	－1.6583	－0.9064	29.2215	32.4043
44	R14	73°28.48′N	169°07.31′W	8－1	13:13	116	113.0	－1.6951	－1.1817	29.5424	33.1101
45	R15	73°59.88′N	168°59.43′W	8－2	00:08	169	171.0	－1.6956	－0.1825	29.4944	34.4438
46	C11	71°39.85′N	167°59.05′W	8－2	21:21	50	42.0	－0.9743	1.5835	30.0970	32.3934
47	C12	71°39.05′N	167°01.60′W	8－3	00:19	45	41.0	－1.5801	0.0342	29.4893	32.6969
48	C13	71°36.85′N	165°59.85′W	8－3	03:20	44	40.0	－1.0951	1.2058	29.2732	32.4884
49	C14	71°35.38′N	165°00.31′W	8－3	05:12	42	39.0	－1.4558	－0.1491	30.0031	32.5987
50	C15	71°34.75′N	164°00.76′W	8－3	07:03	42	38.0	－1.6126	－0.4986	30.2847	32.7525
51	C16	71°32.85′N	163°00.86′W	8－3	09:54	43	39.0	－1.6180	－0.8934	29.9950	32.7199
52	C17	71°29.35′N	162°02.01′W	8－3	13:39	46	42.0	－1.5097	－0.9550	29.3121	32.7852
53	C18	71°28.55′N	161°01.78′W	8－3	15:56	47	46.0	－1.6818	－0.3630	29.2026	32.7358
54	C19	71°27.81′N	160°01.15′W	8－3	18:26	50	46.0	－1.7041	0.0146	30.1663	32.5832
55	C10	71°26.25′N	159°14.88′W	8－3	20:27	50	45.0	－1.6682	－0.0913	30.0928	32.1756
56	S32	71°15.66′N	150°22.55′W	8－5	16:42	268	182.0	－1.5053	4.9826	29.3587	32.6135
57	S33	71°32.00′N	149°55.43′W	8－5	19:23	2140	2119.0	－1.6035	3.7120	29.0845	34.9489
58	S34	71°47.98′N	149°25.53′W	8－5	22:32	2750	1020.0	－1.7136	3.9622	29.3862	34.8784
59	S21	71°39.08′N	154°59.03′W	8－6	08:31	76	60.0	2.9448	4.5065	27.4432	30.9081

序号 #	站名 Name	纬度 Latitude	经度 Longitude	时间 Date and Time		水深 Depth （m）	压强最大值 P_{max} （db）	温度最小值 T_{min} （℃）	温度最大值 T_{max} （℃）	盐度最小值 S_{min}	盐度最大值 S_{max}
60	C26	70°29.68′N	162°58.56′W	8-7	01:24	36	33.0	4.9423	5.3040	31.2022	31.7752
61	C25	70°29.63′N	163°58.15′W	8-7	03:41	41	38.0	4.2670	5.1506	31.0478	31.8561
62	C24	70°30.03′N	164°59.50′W	8-7	06:52	42	39.0	2.0721	4.3259	31.1268	32.0231
63	C23	70°30.03′N	166°00.00′W	8-7	09:05	43	40.0	1.6339	5.2078	31.4058	32.0507
64	C22	70°29.85′N	167°00.40′W	8-7	11:44	50	45.0	1.9317	3.8913	31.5714	32.3577
65	C21	70°30.00′N	168°00.80′W	8-7	13:47	47	43.0	−0.7326	4.6440	31.3131	32.4153
66	C35	68°55.25′N	166°29.31′W	8-7	23:33	31	28.0	6.7798	8.0024	30.7625	31.2696
67	C34	68°55.13′N	167°00.46′W	8-8	01:14	43	39.0	6.0670	7.9639	30.9129	31.6588
68	C33	68°55.11′N	167°30.18′W	8-8	02:39	45	42.0	3.6777	7.8124	31.0302	32.1092
69	C32	68°55.00′N	168°00.30′W	8-8	03:44	50	45.0	4.7723	6.6014	31.7764	32.1413
70	C31	68°54.91′N	168°30.55′W	8-8	06:06	52	48.0	4.3491	6.5818	31.6662	32.2213
71	R03A	67°59.95′N	168°59.36′W	8-8	10:23	55	53.0	1.3948	7.4124	30.2434	32.9697
72	R04A	68°30.11′N	168°59.80′W	8-8	13:33	52	48.0	3.5754	7.6368	31.4684	32.5677
73	R05A	69°00.08′N	168°59.40′W	8-8	16:27	51	47.0	3.1974	6.4438	31.6264	32.4467
74	R06A	69°30.00′N	168°59.50′W	8-8	19:09	51	48.0	2.1208	5.5558	31.8389	32.1696
75	R07A	70°00.00′N	168°59.48′W	8-8	22:01	35	33.0	2.5779	5.2143	31.5972	32.2742
76	R08A	70°30.05′N	168°58.76′W	8-9	00:29	37	33.0	2.6734	3.6907	31.1814	32.1702
77	R09A	70°59.83′N	169°00.16′W	8-9	03:32	42	38.0	1.0001	2.0451	30.5823	32.2809
78	R10A	71°29.71′N	168°59.65′W	8-9	05:49	48	43.0	−0.1287	2.0709	30.1621	32.3603
79	R11A	72°00.08′N	168°59.20′W	8-9	09:03	50	47.0	−1.4899	0.8789	30.1308	32.5878
80	R12A	72°30.21′N	168°59.08′W	8-9	12:10	77	72.0	−1.3488	0.9098	29.4588	32.6268
81	R13A	72°59.86′N	169°01.03′W	8-9	17:10	78	73.0	−1.6157	−0.9484	29.4471	32.6126
82	R14A	73°30.11′N	168°59.58′W	8-9	21:07	117	113.0	−1.6810	−1.1386	29.5274	32.8464
83	R15A	73°58.96′N	169°04.38′W	8-10	02:59	175	163.0	−1.6813	−0.3689	29.5136	34.3690
84	R15X	74°00.70′N	169°11.00′W	8-10	03:59	175	170.0	−1.6780	−0.3184	29.3652	34.3902
85	R16A	74°30.83′N	169°04.66′W	8-10	07:53	185	182.0	−1.6862	−0.5264	29.4969	34.2567
86	P11	75°00.40′N	169°59.61′W	8-10	12:37	263	260.0	−1.6485	0.8602	28.5835	34.7815
87	P12	74°55.61′N	167°51.43′W	8-10	19:52	175	167.0	−1.6352	−1.1577	28.9917	33.8564
88	P13	74°48.03′N	165°48.40′W	8-10	23:45	453	436.0	−1.6419	0.8388	28.8284	34.8527
89	P14	74°38.71′N	164°06.33′W	8-11	13:03	777	754.0	−1.6388	0.8511	28.6471	34.8620

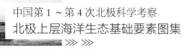

续表 3

序号 ＃	站名 Name	纬度 Latitude	经度 Longitude	时间 Date and Time		水深 Depth （m）	压强最大 值 P_{max} （db）	温度最小 值 T_{min} （℃）	温度最大 值 T_{max} （℃）	盐度最小 值 S_{min}	盐度最大 值 S_{max}
90	P15	74°31.18′N	161°50.40′W	8－11	18:36	1714	1678.0	−1.6351	0.9092	28.5124	34.9256
91	P16	74°20.31′N	159°56.05′W	8－12	00:14	588	577.0	−1.5799	0.7818	28.4394	34.8603
92	P17	74°09.36′N	157°59.11′W	8－12	03:46	3000	2244.0	−1.5854	0.8582	28.2919	34.9518
93	B11	73°59.70′N	156°19.90′W	8－12	09:51	3000	2554.0	−1.5495	0.7358	27.9784	34.9511
94	B21	74°37.78′N	155°11.75′W	8－12	17:05	3800	3064.0	−1.5518	0.8345	28.0182	34.9556
95	B31	75°25.76′N	152°57.35′W	8－13	05:58	3800	3374.0	−1.5591	1.6184	28.0166	34.9559
96	B32	75°00.08′N	151°32.86′W	8－13	22:32	3800	3373.0	−1.5521	0.8002	27.9058	34.9564
97	B33	74°37.80′N	149°16.45′W	8－14	05:36	3800	3481.0	−1.5475	0.6727	27.8917	34.9552
98	B23	74°02.96′N	150°34.23′W	8－14	13:11	3800	3523.0	−1.5512	0.6849	27.6754	34.9599
99	B13	73°22.78′N	151°53.00′W	8－14	21:58	3800	3473.0	−1.5513	0.6976	27.5589	34.9554
100	S26	73°00.00′N	152°40.00′W	8－15	05:36	3000	2910.0	−1.4971	0.6617	27.7562	34.9551
101	S25	72°44.51′N	153°24.18′W	8－15	13:12	3000	2142.0	−1.5523	0.7172	28.1543	34.9494
102	S24	72°24.40′N	154°10.40′W	8－15	20:29	2500	1843.0	−1.5570	0.6388	28.0195	34.9384
103	S23	72°12.46′N	154°06.45′W	8－15	23:03	1960	1815.0	−1.6297	0.8058	28.4219	34.9388
104	S22	71°56.30′N	154°32.05′W	8－16	01:47	220	204.0	−1.5506	1.1936	29.7814	34.4051
105	S21A	71°39.78′N	154°58.88′W	8－16	03:32	91	88.0	−1.3043	3.4493	30.1083	32.4336
106	S11	72°29.40′N	159°00.00′W	8－17	20:18	50	47.0	−1.6431	−1.0240	28.8541	32.4552
107	S12	72°43.15′N	158°39.26′W	8－18	00:01	210	202.0	−1.5605	0.0211	28.5166	34.5585
108	S13	72°56.30′N	158°17.86′W	8－18	01:52	1300	1264.0	−1.6034	0.8260	28.5254	34.8811
109	S14	73°09.35′N	157°55.93′W	8－18	05:41	2381	2321.0	−1.6947	0.7982	28.1800	34.9467
110	S15	73°22.26′N	157°33.75′W	8－18	08:15	3000	2554.0	−1.5854	0.8272	28.3563	34.9465
111	S16	73°35.46′N	157°09.83′W	8－18	10:41	3800	2554.0	−1.5854	0.8272	28.3563	34.9465
112	P27	75°29.55′N	156°00.36′W	8－19	04:08	3050	3045.0	−1.5577	1.4652	27.9859	34.9559
113	P37	76°39.86′N	153°00.86′W	8－19	19:20	3800	3578.0	−1.5540	1.0107	28.8614	34.9550
114	B77	77°31.16′N	152°22.46′W	8－20	05:45	3000	2549.0	−1.5474	1.1342	28.8665	34.9526
115	B80	80°13.41′N	146°44.26′W	8－26	06:50	3750	3785.0	−1.5638	0.9808	29.4845	34.9567
116	B79	79°18.86′N	151°47.15′W	8－27	07:40	3800	3729.0	−1.5197	0.9727	28.4744	34.9567
117	B78	78°28.71′N	147°01.68′W	8－28	05:22	3800	3799.0	−1.5326	0.9695	28.7972	34.9574
118	P26	78°16.10′N	151°01.78′W	9－5	04:13	2500	2465.0	−1.5798	1.1159	29.3490	34.9529
119	P25	78°00.55′N	155°03.25′W	9－5	12:37	1805	1760.0	−1.5682	1.0892	29.2907	34.9292

序号 #	站名 Name	纬度 Latitude	经度 Longitude	时间 Date and Time		水深 Depth （m）	压强最大值 P_{max} （db）	温度最小值 T_{min} （℃）	温度最大值 T_{max} （℃）	盐度最小值 S_{min}	盐度最大值 S_{max}
120	P24	77°48.63′N	158°43.26′W	9−5	21:15	1880	1866.0	−1.5504	1.0175	29.2922	34.9381
121	P23	77°31.66′N	162°31.08′W	9−6	13:27	2200	2173.0	−1.5500	1.0372	29.2285	34.9306
122	P22	77°23.71′N	164°55.98′W	9−6	19:41	326	290.0	−1.5480	0.7673	28.6828	34.7620
123	P21	77°22.73′N	167°21.63′W	9−7	00:09	561	537.0	−1.5588	0.9500	29.2163	34.8540
124	M01	77°17.93′N	169°00.76′W	9−7	04:41	1456	1414.0	−1.5533	1.1130	29.3098	34.9057
125	M02	77°17.20′N	171°54.48′W	9−7	13:48	2287	2264.0	−1.5362	1.0990	29.2350	34.9569
126	M03	76°32.21′N	171°55.86′W	9−7	21:30	2300	2284.0	−1.5471	1.1264	29.1628	34.9574
127	M04	75°59.90′N	171°59.78′W	9−8	03:46	2007	1975.0	−1.7083	1.1127	29.0293	34.9552
128	M05	75°39.78′N	171°59.51′W	9−8	06:50	1628	1606.0	−1.5604	1.1268	28.9410	34.9376
129	M06	75°20.05′N	171°59.83′W	9−8	10:15	816	783.0	−1.5446	0.9862	28.2361	34.8677
130	M07	75°00.05′N	171°56.58′W	9−8	12:03	388	361.0	−1.6143	0.9562	28.2940	34.8484
131	P11A	75°00.03′N	169°59.36′W	9−8	15:42	262	250.0	−1.6540	0.8230	28.6946	34.7728
132	R16B	74°29.85′N	168°59.51′W	9−8	19:06	186	171.0	−1.6570	−0.6856	28.7817	34.1933
133	R15B	74°00.35′N	168°59.91′W	9−8	22:44	172	169.0	−1.6850	−0.4523	28.5009	34.3191
134	R14B	73°29.91′N	169°03.21′W	9−9	01:25	115	100.0	−1.5805	0.0437	28.8164	33.2642
135	R13B	72°59.93′N	168°59.90′W	9−9	04:03	69	61.0	−1.4406	−0.0362	29.3742	32.6641
136	R12B	72°29.78′N	168°59.36′W	9−9	06:30	70	62.0	−0.4398	3.1581	29.4312	32.4447
137	R01B	66°59.93′N	169°00.88′W	9−10	01:20	41	37.0	2.6889	7.4890	30.8881	32.8227
138	BS10A	64°20.33′N	166°59.45′W	9−12	14:25	28	6.0	9.9421	9.9439	27.8161	28.0256
139	BS09A	64°20.30′N	167°30.80′W	9−12	16:20	30	26.0	3.9599	9.3562	28.7393	31.9079
140	BS08A	64°20.00′N	167°59.80′W	9−12	17:30	35	32.0	5.7785	7.9820	31.7573	31.8462
141	BS07A	64°20.15′N	168°30.20′W	9−12	18:48	38	36.0	3.1591	6.3748	31.7390	32.0539
142	BS06A	64°20.50′N	169°01.30′W	9−13	15:45	38	33.0	6.1832	7.2140	31.6895	31.8937
143	BS05A	64°20.25′N	169°29.25′W	9−13	17:02	40	37.0	3.8972	6.7852	31.7966	32.2235
144	BS04A	64°20.60′N	169°58.40′W	9−13	18:20	38	37.0	2.3094	3.8118	32.1929	32.3891
145	BS03A	64°20.00′N	170°30.13′W	9−13	19:34	35	31.0	2.6471	3.0136	32.2901	32.3425
146	BS02A	64°19.90′N	171°00.00′W	9−13	20:54	38	33.0	2.2648	3.5337	32.3413	32.4386
147	BS01A	64°20.00′N	171°30.05′W	9−13	22:26	45	42.0	2.1909	5.4584	31.2785	33.0285

附件 4　中国第 3 次北极科学考察 CTD 站位信息表

序号 #	站名 Name	纬度 Latitude	经度 Longitude	时间 Date and Time		水深 Depth （m）	压强最大值 P_{max} （db）	温度最小值 T_{min} （℃）	温度最大值 T_{max} （℃）	盐度最小值 S_{min}	盐度最大值 S_{max}
1	BR23	53°16.86′N	169°59.41′E	7－18	21:47	2320	2277.0	1.7425	9.2336	32.7055	34.6236
2	BR24	53°57.81′N	170°46.28′E	7－19	06:01	3710	3755.0	1.5291	9.7531	32.6943	34.6782
3	BR25	54°59.76′N	171°50.75′E	7－19	18:12	3890	3835.0	1.5959	10.6039	32.8479	34.6734
4	BR01	55°56.70′N	173°07.62′E	7－20	08:02	3800	3836.0	1.5918	10.9352	32.8940	34.6743
5	BR02	57°00.06′N	174°29.99′E	7－20	21:45	3800	1314.0	1.9564	9.2168	33.0393	34.4497
6	BR03	57°59.10′N	176°12.69′E	7－22	02:54	3778	2532.0	1.2228	9.1497	32.9092	34.6298
7	BR04	58°59.70′N	177°55.61′E	7－22	12:13	3730	3706.0	1.2873	8.3175	32.7623	34.6733
8	BR05	59°30.27′N	178°58.40′E	7－22	18:55	3450	3428.0	1.4336	6.9511	32.2996	34.6709
9	BR06	60°00.24′N	179°40.54′E	7－22	23:53	2524	2449.0	0.9459	7.6659	32.3021	34.6292
10	BR07	60°04.86′N	179°59.70′W	7－23	02:53	2571	2530.0	1.7105	7.8248	32.3719	34.6307
11	BR08	60°15.10′N	179°25.02′W	7－23	10:14	929	829.0	1.7185	7.5902	32.1954	34.2896
12	BR09	60°27.75′N	178°59.76′W	7－23	12:43	420	364.0	1.5895	7.3460	30.5562	33.7065
13	BR10	60°30.51′N	178°45.88′W	7－23	15:41	252	232.0	1.7457	7.1729	31.6655	33.2870
14	BR11	60°40.04′N	178°15.41′W	7－23	20:09	160	147.0	−0.1591	7.1464	31.1811	33.0918
15	BR12	60°54.90′N	177°45.48′W	7－23	22:49	135	125.0	−1.1352	6.4844	30.9055	32.9152
16	BR13	61°23.73′N	176°48.59′W	7－24	03:12	112	103.0	−1.6692	6.8493	31.2307	32.5783
17	BR14	61°41.95′N	175°42.24′W	7－24	06:45	90	82.0	−1.4687	6.0526	31.3931	32.3223
18	BR15	62°11.96′N	175°14.72′W	7－24	10:49	75	66.0	−1.6000	6.7125	31.7411	32.4504
19	NB11	62°52.90′N	174°31.90′W	7－24	15:34	69	64.0	−1.6641	6.7786	31.7693	32.7953
20	NB13	62°34.29′N	173°34.39′W	7－24	20:04	60	51.0	−1.6182	6.5924	31.8374	32.3979
21	NB15	62°12.14′N	171°59.21′W	7－25	01:54	41	38.0	−1.3781	7.3437	31.2055	32.3295
22	NB17	61°49.89′N	170°00.10′W	7－25	08:05	36	37.0	−0.9767	7.1993	30.8404	31.8051
23	NB19	61°29.76′N	168°00.90′W	7－25	15:28	23	18.0	5.1991	5.3993	30.3977	30.4311
24	NB28	62°01.13′N	168°01.89′W	7－25	18:58	27	19.0	6.4979	6.5337	30.7821	30.7827
25	NB26	62°25.61′N	170°05.82′W	7－26	01:07	34	26.0	−0.2742	7.1279	31.3198	32.3519
26	NB24	62°45.03′N	171°37.98′W	7－26	06:32	44	39.0	−1.2768	6.9283	31.3472	32.4024
27	NB22	63°06.89′N	173°07.21′W	7－26	12:10	50	58.0	−1.6839	6.3695	31.9539	32.7489
28	NB21	63°06.89′N	173°07.21′W	7－26	17:49	64	46.0	−0.1804	6.6802	32.1358	32.7245
29	BS01	64°20.12′N	171°29.46′W	7－26	21:24	42	40.0	1.3996	1.6288	32.8758	32.8847
30	BS03	64°20.17′N	170°29.82′W	7－27	01:38	32	30.0	0.8451	1.0189	32.5399	32.5450

序号 #	站名 Name	纬度 Latitude	经度 Longitude	时间 Date and Time		水深 Depth （m）	压强最大值 P_{max} （db）	温度最小值 T_{min} （℃）	温度最大值 T_{max} （℃）	盐度最小值 S_{min}	盐度最大值 S_{max}
31	BS04	64°19.87′N	170°00.66′W	7−27	08:08	35	33.0	0.4241	4.5564	32.3762	32.5985
32	BS05	64°19.87′N	169°29.83′W	7−27	11:19	33	32.0	0.1503	4.5756	32.4288	32.6428
33	BS07	64°20.07′N	168°29.77′W	7−27	15:50	33	31.0	1.9283	5.6590	32.1860	32.3911
34	BS09	64°19.94′N	167°30.15′W	7−27	19:18	24	26.0	2.1961	4.9860	32.1337	32.2935
35	BS11	65°30.00′N	168°51.50′W	8−1	04:50	53	54.0	1.8493	5.7910	32.2281	32.4451
36	BS12	65°59.99′N	168°51.98′W	8−1	09:32	47	48.0	0.0781	2.1532	32.5548	32.5944
37	R00	66°30.00′N	168°59.87′W	8−1	12:32	43	42.0	1.8329	3.4114	32.4160	32.5599
38	R01	66°59.70′N	168°59.90′W	8−1	16:31	42	41.0	2.4065	3.1421	32.5847	32.7521
39	R03	67°59.70′N	169°01.50′W	8−1	22:43	51	52.0	2.2447	4.5467	31.6552	32.8688
40	R05	68°59.70′N	168°59.72′W	8−2	05:10	47	47.0	1.7113	5.5848	31.7816	32.4814
41	C31	68°55.00′N	168°29.73′W	8−2	08:37	45	44.0	1.6763	6.2572	30.8233	32.4670
42	C33	68°54.99′N	167°30.44′W	8−2	11:08	41	39.0	2.9755	6.2710	30.4599	32.2745
43	C35	68°55.20′N	166°30.80′W	8−2	14:26	28	28.0	6.0308	6.7385	29.8991	31.2379
44	R07	69°59.70′N	168°59.50′W	8−2	22:05	31	30.0	−1.6746	−0.4945	29.3829	33.0062
45	R09	70°59.60′N	168°58.40′W	8−3	04:12	37	37.0	−1.6810	2.5820	30.4388	33.1213
46	C21	70°30.78′N	168°00.70′W	8−3	08:12	41	40.0	−1.7043	1.6813	29.9558	32.9290
47	C23	70°29.90′N	165°59.90′W	8−3	13:04	39	39.0	2.4503	3.9851	31.1119	32.5183
48	C25	70°30.18′N	164°02.00′W	8−3	17:40	37	38.0	2.4347	3.6034	31.5721	32.3819
49	C10A	71°24.50′N	157°50.70′W	8−4	05:20	107	101.0	−1.7401	−1.3725	30.0902	33.2727
50	C19	71°26.80′N	159°58.77′W	8−4	11:44	42	40.0	−1.7272	−0.9672	29.9383	32.9564
51	C17	71°29.17′N	161°58.90′W	8−4	17:05	41	40.0	−1.7110	−0.8599	30.6548	33.1532
52	C15	71°32.67′N	163°58.99′W	8−4	21:49	37	36.0	−1.7028	−0.3498	30.4828	33.2274
53	C13	71°36.90′N	165°59.60′W	8−5	03:02	38	38.0	−1.6653	0.7217	30.5297	33.0417
54	C11	71°39.83′N	167°58.59′W	8−5	07:33	43	43.0	−1.6052	1.1920	29.4011	33.1123
55	R11	71°59.87′N	168°59.10′W	8−5	11:43	47	45.0	−1.7300	1.0282	30.0651	33.1148
56	R13	73°00.00′N	169°00.00′W	8−6	00:58	71	71.0	−1.7644	−1.1786	30.6959	33.4915
57	R15	73°59.50′N	169°00.40′W	8−6	08:50	173	163.0	−1.7241	−0.0079	26.8616	34.5167
58	R17	75°00.09′N	168°08.73′W	8−6	18:35	163	157.0	−1.6073	−0.1469	26.0320	33.4578
59	B11	75°00.00′N	165°02.10′W	8−7	00:50	552	526.0	−1.6031	0.8948	25.7062	34.8550
60	B12	75°00.46′N	162°01.65′W	8−7	07:00	2013	1993.0	−1.6193	1.7578	25.5033	34.9302
61	B13	74°30.30′N	158°59.60′W	8−7	14:31	1134	1044.0	−1.5890	3.0904	26.1677	34.8898

续表4

序号 #	站名 Name	纬度 Latitude	经度 Longitude	时间 Date and Time		水深 Depth （m）	压强最大值 P_{max} （db）	温度最小值 T_{min} （℃）	温度最大值 T_{max} （℃）	盐度最小值 S_{min}	盐度最大值 S_{max}
62	B14	73°59.34′N	155°57.98′W	8-8	04:10	3898	3859.0	-1.7420	3.6220	24.7896	34.9595
63	S16	73°35.09′N	157°09.00′W	8-8	09:18	3261	3215.0	-1.5809	2.9338	25.7901	34.9593
64	S15	73°22.63′N	157°32.40′W	8-8	13:17	3043	2991.0	-1.5764	3.9658	25.8733	34.9592
65	S14	73°10.09′N	157°55.03′W	8-8	17:36	2517	2449.0	-1.5687	1.6725	25.2075	34.9575
66	S13	72°56.30′N	158°19.50′W	8-8	23:41	1430	1346.0	-1.6106	1.8844	26.4431	34.9045
67	S12	72°43.13′N	158°39.40′W	8-9	05:09	207	203.0	-1.7099	0.5119	26.1972	34.7640
68	S11	72°30.70′N	158°57.69′W	8-9	08:57	48	49.0	-1.7112	-0.6557	27.9762	33.0953
69	S21	71°39.97′N	154°58.03′W	8-9	17:55	88	82.0	1.1197	2.0239	30.6929	32.3088
70	S22	71°55.50′N	154°40.60′W	8-9	20:28	369	357.0	-1.5305	2.8052	28.0839	34.8432
71	S23	72°12.10′N	154°25.27′W	8-10	00:58	1785	1701.0	-1.5462	3.6956	26.1301	34.9307
72	S24	72°24.10′N	154°10.52′W	8-10	06:23	2346	2226.0	-1.5232	3.5115	26.2344	34.9547
73	S25	72°43.77′N	153°24.53′W	8-10	13:44	3615	3565.0	-1.5725	3.8914	25.2672	34.9593
74	S26	72°59.30′N	152°41.44′W	8-10	18:54	3880	3856.0	-1.5455	4.8430	25.0891	34.9591
75	B24	74°19.91′N	148°00.33′W	8-11	07:38	3838	3823.0	-1.5466	4.7239	24.2936	34.9594
76	B23	74°40.21′N	149°58.85′W	8-11	13:59	3872	2430.0	-1.5536	3.2681	24.9887	34.9530
77	B22	74°59.70′N	151°59.70′W	8-11	20:37	3889	2022.0	-1.5315	0.8173	23.9674	34.9425
78	B21	75°14.86′N	153°58.82′W	8-12	02:16	3890	2021.0	-1.5940	2.1205	24.0486	34.9428
79	P27	75°29.87′N	155°58.27′W	8-12	07:55	3052	3141.0	-1.5752	1.7103	24.6469	34.9588
80	P25	75°49.80′N	157°59.30′W	8-12	21:10	568	545.0	-1.5850	1.9293	24.8941	34.8506
81	P23	76°20.14′N	162°29.16′W	8-13	03:23	2086	2038.0	-1.5821	0.9073	26.1152	34.9295
82	P37	76°59.92′N	156°00.92′W	8-13	19:04	2267	2204.0	-1.5549	0.9340	26.0964	34.9238
83	P38	76°49.24′N	154°06.58′W	8-14	02:19	2489	2318.0	-1.5422	0.9195	26.0083	34.9547
84	B31	76°30.23′N	152°00.14′W	8-14	07:42	3883	2226.0	-1.5359	0.8967	25.5998	34.9502
85	B32	76°19.46′N	149°59.91′W	8-14	12:50	3875	2022.0	-1.5522	0.9106	26.7064	34.9425
86	B33	75°59.53′N	147°59.34′W	8-14	17:46	3863	2021.0	-1.5189	0.9078	24.2375	34.9432
87	B77	76°58.08′N	146°49.28′W	8-15	03:54	3857	2022.0	-1.5428	0.9110	26.7198	34.9418
88	B78	77°58.72′N	145°54.50′W	8-15	16:18	3857	2022.0	-1.5016	0.8645	27.2753	34.9444
89	B79	78°58.96′N	147°36.94′W	8-16	04:22	3863	2023.0	-1.5160	0.8993	28.8534	34.9435
90	B80	80°00.48′N	147°29.32′W	8-16	18:03	3854	3839.0	-1.5104	0.8828	28.2841	34.9595
91	B81	81°00.53′N	146°14.73′W	8-17	08:55	3843	2024.0	-1.6113	0.8595	28.0219	34.9446
92	B82	81°58.74′N	147°16.13′W	8-17	22:02	3387	2023.0	-1.4861	0.8416	28.1457	34.9456

序号 #	站名 Name	纬度 Latitude	经度 Longitude	时间 Date and Time		水深 Depth （m）	压强最大 值 P_{max} （db）	温度最小 值 T_{min} （℃）	温度最大 值 T_{max} （℃）	盐度最小 值 S_{min}	盐度最大 值 S_{max}
93	B83	82°59.80′N	147°18.50′W	8－18	14:29	2678	2022.0	−1.4202	0.7977	26.8615	34.9469
94	B84	83°59.91′N	144°16.50′W	8－19	05:52	2296	2201.0	−1.4758	0.5793	27.6664	34.9559
95	B84A	84°26.54′N	143°34.83′W	8－19	23:48	2247	2181.0	−1.5116	0.7572	27.9355	34.9526
96	B85	85°07.83′N	147°03.36′W	8－27	21:11	2079	2024.0	−1.5213	0.7649	28.4249	34.9511
97	B85A	85°24.24′N	147°29.11′W	8－29	13:20	2376	2276.0	−1.5482	0.8238	28.5348	34.9547
98	D84	83°59.82′N	148°45.92′W	8－30	21:16	2485	2428.0	−1.5282	0.6121	27.6194	34.9575
99	D83	83°00.66′N	150°57.87′W	8－31	09:26	3157	2022.0	−1.4728	0.8385	27.3793	34.9446
100	D82	81°56.04′N	154°10.38′W	8－31	19:21	3228	2027.0	−1.6142	0.8402	29.8005	34.9469
101	D81	81°02.07′N	155°17.58′W	9－1	05:17	3847	2031.0	−1.6188	0.8426	24.0097	34.9465
102	D80	80°02.08′N	158°02.97′W	9－1	21:59	3709	3686.0	−1.6147	0.8669	29.8208	34.9529
103	N01	79°49.96′N	170°00.02′W	9－2	20:42	3341	3315.0	−1.6364	0.8975	30.3235	34.9538
104	N02	79°19.08′N	168°59.01′W	9－3	09:20	3163	3114.0	−1.6608	0.8931	30.1211	34.9536
105	N03	78°50.34′N	167°53.45′W	9－3	16:19	2655	2610.0	−1.6353	0.9058	29.0682	34.9532
106	N04	78°20.30′N	166°59.55′W	9－4	00:22	460	433.0	−1.5476	0.8532	28.2298	34.8169
107	P31	77°59.86′N	168°00.72′W	9－4	06:43	434	405.0	−1.5619	0.8476	27.5090	34.8121
108	M01	77°30.25′N	171°59.89′W	9－4	15:56	2280	2245.0	−1.6214	0.9609	28.6402	34.9512
109	M02	76°59.73′N	172°03.42′W	9－5	00:17	2303	2241.0	−1.5697	0.9683	27.7222	34.9509
110	M03	76°29.65′N	172°01.82′W	9－5	07:58	2301	2247.0	−1.5957	0.9463	26.8037	34.9502
111	M04	75°59.97′N	172°06.29′W	9－5	13:26	2020	1974.0	−1.5721	0.9283	27.0580	34.9491
112	M05	75°40.01′N	171°59.53′W	9－5	19:53	1637	1617.0	−1.5961	0.9738	26.2771	34.9374
113	M06	75°20.20′N	172°00.00′W	9－6	00:50	830	808.0	−1.5907	0.9139	25.4805	34.8608
114	M07	75°00.80′N	171°59.61′W	9－6	04:05	394	384.0	−1.6126	1.0941	25.6742	34.8461
115	R17R	75°00.44′N	169°00.58′W	9－6	10:48	216	202.0	−1.6740	2.0591	26.1686	34.4106
116	R15R	73°59.91′N	168°59.64′W	9－6	17:21	174	166.0	−1.7169	0.8265	25.7740	34.4649
117	R13R	72°59.99′N	168°59.23′W	9－7	00:38	69	67.0	−1.5741	3.0898	30.3934	33.0652
118	R11R	71°59.65′N	168°58.71′W	9－7	08:56	45	40.0	1.9091	4.6935	30.9396	32.7537
119	R09R	71°00.35′N	168°59.02′W	9－7	22:57	38	40.0	2.7378	4.9572	31.2450	32.7114
120	R07R	70°00.80′N	169°00.80′W	9－8	04:27	28	28.0	0.1907	4.5350	30.1519	32.5896
121	R05R	69°00.45′N	168°59.61′W	9－8	11:02	46	44.0	2.3054	7.3257	29.5651	32.6614

附件 5　中国第 4 次北极科学考察 CTD 站位信息表

序号 #	站名 Name	纬度 Latitude	经度 Longitude	时间 Date and Time	水深 Depth （m）	压强最大 值 P_{max} （db）	温度最小 值 T_{min} （℃）	温度最大 值 T_{max} （℃）	盐度最小 值 S_{min}	盐度最大 值 S_{max}
1	B01	52°42.29′N	169°20.85′E	7–10 7:40	5860	1624	2.1199	7.1865	32.8321	34.5396
2	B02	53°19.87′N	169°57.49′E	7–10 13:50	1937	1942	1.2134	7.6957	30.2013	34.5805
3	B03	53°59.18′N	170°43.25′E	7–11 01:44	3667	3719	1.5433	7.3365	32.8723	34.6705
4	B04	54°35.51′N	171°24.29′E	7–11 07:40	3873	3888	0.8233	7.5053	32.9902	34.6706
5	B05	55°56.57′N	173°7.68′E	7–11 22:10	3820	3851	1.5519	7.5430	33.0016	34.6690
6	B06	57°00.30′N	174°29.63′E	7–12 06:16	3780	3767	1.1349	7.1862	33.1202	34.6683
7	B07	58°00.00′N	176°12.24′E	7–12 16:45	3743	3768	1.3668	7.2934	33.1440	34.6683
8	B08	59°00.07′N	177°55.60′E	7–13 23:40	3620	3636	1.2101	8.3166	32.7025	34.6661
9	B09	59°14.56′N	178°24.72′E	7–14 03:56	3510	3483	1.5894	8.4758	32.6017	34.6628
10	B10	59°41.30′N	179°20.52′E	7–14 09:02	3080	3041	1.6006	8.0933	31.4699	34.6548
11	B11	59°59.55′N	179°55.04′E	7–14 13:10	2603	2590	1.5520	8.3427	32.6344	34.6342
12	B12	60°17.85′N	179°30.37′W	7–14 20:30	880	840	1.6809	8.4799	32.6187	34.3025
13	B13	60°41.09′N	178°50.95′W	7–15 03:20	220	202	2.1895	8.1650	31.6210	33.3325
14	B14	60°55.27′N	177°41.53′W	7–15 06:40	130	133	−1.2835	7.5095	30.9088	32.8800
15	B15	61°04.05′N	176°22.22′W	7–15 11:05	110	109	−1.4592	7.1739	30.8366	32.6217
16	BB01	61°17.25′N	177°28.58′W	7–15 15:07	130	121	−1.3966	7.4308	30.8680	32.7986
17	BB02	61°38.82′N	176°54.96′W	7–15 17:57	114	105	−1.5222	7.6886	31.0055	32.4844
18	BB03	61°55.99′N	176°24.96′W	7–15 21:30	100	98	−1.5498	7.6687	30.7555	32.3442
19	BB04	62°10.57′N	176°1.25′W	7–15 23:45	92	90	−1.5787	7.6804	31.0052	32.1908
20	BB05	62°32.64′N	175°19.87′W	7–16 04:05	79	74	−1.4927	7.9499	31.3751	32.1208
21	BB06	63°00.48′N	174°22.85′W	7–16 07:10	78	73	−1.5561	7.5468	31.3952	32.2956
22	BB07	63°26.22′N	173°32.85′W	7–16 12:50	72	71	−1.4496	7.4064	31.0831	32.6428
23	BB–A	62°00.26′N	174°33.54′W	7–16 19:40	72	70	−1.4896	7.6380	31.3180	32.3372
24	NB01	61°14.02′N	175°04.55′W	7–16 23:30	92	86	−1.3579	7.4460	30.7356	31.8753
25	NB02	61°22.69′N	173°41.18′W	7–17 03:12	76	66	−1.4566	7.5097	30.9882	31.7129
26	NB03	61°30.41′N	172°11.82′W	7–17 07:00	61	57	−1.4477	7.1218	31.1305	31.8737
27	NB04	61°35.01′N	170°37.56′W	7–17 10:35	49	42	−1.1978	7.1330	31.2995	32.6345
28	NB05	61°43.92′N	169°11.56′W	7–17 14:14	40	34	−1.0073	6.9824	30.1303	32.2100
29	NB06	61°49.66′N	167°30.67′W	7–17 17:58	24	20	2.8093	7.3069	31.1364	31.7441

序号 #	站名 Name	纬度 Latitude	经度 Longitude	时间 Date and Time	水深 Depth （m）	压强最大值 P_{max} （db）	温度最小值 T_{min} （℃）	温度最大值 T_{max} （℃）	盐度最小值 S_{min}	盐度最大值 S_{max}
30	NB07	62°32.40′N	166°37.74′W	7－17 22:55	22	15	4.2839	10.5535	25.8650	31.2966
31	NB08	62°39.52′N	167°20.52′W	7－18 01:38	35	27	0.5254	8.4112	30.2143	32.7132
32	NB09	62°44.07′N	168°24.76′W	7－18 06:17	34	30	1.3325	4.4969	32.0727	32.2859
33	NB-A	62°50.00′N	171°00.13′W	7－18 11:44	45	41	−1.3762	6.7293	31.5751	32.3470
34	NB10	63°28.51′N	172°28.13′W	7－18 18:11	55	49	−1.1330	7.3621	31.2466	32.4704
35	NB11	63°41.05′N	172°35.33′W	7－18 19:45	58	47	−1.2034	8.4955	30.7047	32.5125
36	NB12	63°56.20′N	172°43.00′W	7－18 21:26	62	55	1.3651	6.9255	31.6160	33.0820
37	BS01	64°20.27′N	171°30.10′W	7－19 00:41	48	41	2.1940	2.2424	32.8767	32.9367
38	BS02	64°20.14′N	171°00.03′W	7－19 02:42	41	37	0.3416	0.5014	32.1928	32.2100
39	BS03	64°15.34′N	170°30.17′W	7－19 05:00	38	34	0.8952	1.0792	32.1139	32.1311
40	BS04	64°20.06′N	170°00.18′W	7－19 06:25	41	37	0.8872	3.1272	32.0586	32.2210
41	BS05	64°20.00′N	169°30.17′W	7－19 08:05	40	37	1.3830	6.4222	31.7564	32.3094
42	BS06	64°20.06′N	169°00.14′W	7－19 10:30	40	37	2.7245	5.9432	32.0524	32.4230
43	BS07	64°20.27′N	168°30.01′W	7－19 12:23	40	36	3.9253	5.7581	31.9108	32.0001
44	BS08	64°19.71′N	168°01.13′W	7－19 13:54	36	33	0.7005	7.0352	31.5221	32.4639
45	BS09	64°20.21′N	167°29.95′W	7－19 16:00	31	25	1.1091	7.4232	31.1422	32.3562
46	BS10	64°20.16′N	167°00.35′W	7－19 17:35	31	26	0.2772	6.8997	31.2156	32.1455
47	BS11	65°30.23′N	168°58.29′W	7－20 00:10	55	50	1.7236	4.6078	32.3222	32.6633
48	R01	67°00.06′N	169°00.60′W	7－20 07:05	48	44	2.5158	3.3937	32.2480	32.7272
49	R02	67°30.08′N	169°00.46′W	7－20 09:43	50	44	2.1926	4.9817	32.0037	32.2560
50	R03	68°00.24′N	168°58.75′W	7－20 12:35	58	51	0.6830	4.9981	31.8717	32.1542
51	CC01	67°40.33′N	168°57.37′W	7－20 14:40	50	45	2.0002	5.0522	31.9995	32.6201
52	CC02	67°47.05′N	168°36.23′W	7－20 16:20	50	44	1.8813	4.7614	32.0710	32.3555
53	CC03	67°53.92′N	168°14.17′W	7－20 17:40	58	53	0.8390	5.1542	31.8867	32.1523
54	CC04	68°08.03′N	167°51.81′W	7－20 19:23	52	46	2.2146	6.4718	31.6540	32.1418
55	CC5	68°07.00′N	167°30.03′W	7－20 20:47	49	46	2.4110	6.2973	31.7115	32.1341
56	CC6	68°10.80′N	167°18.80′W	7－20 21:55	48	44	2.3644	6.6226	31.3524	32.1385
57	CC7	68°14.30′N	167°07.70′W	7－20 23:07	43	40	2.0291	6.5647	31.2057	32.1092
58	CC8	68°18.00′N	166°57.80′W	7－21 00:08	34	30	3.9705	6.9156	30.9592	31.7076
59	C03	69°01.65′N	166°27.97′W	7－21 04:55	33	30	2.1129	4.7489	31.3300	31.8654

续表5

序号 ＃	站名 Name	纬度 Latitude	经度 Longitude	时间 Date and Time	水深 Depth （m）	压强最大 值 P_{max} （db）	温度最小 值 T_{min} （℃）	温度最大 值 T_{max} （℃）	盐度最小 值 S_{min}	盐度最大 值 S_{max}
60	C02	69°07.40′N	167°20.15′W	7−21 06:50	49	46	0.5836	4.7637	31.6572	32.2253
61	C01	69°13.32′N	168°07.56′W	7−21 09:10	50	47	−0.3029	5.9306	30.9689	32.4580
62	R04	68°30.00′N	169°00.00′W	7−21 13:00	54	51	1.1866	6.0371	31.8654	32.1550
63	R05	69°00.00′N	169°00.00′W	7−21 15:40	53	49	0.1812	4.9873	31.7798	32.3312
64	R06	69°30.00′N	168°59.00′W	7−21 18:15	52	49	−0.7977	6.4664	29.2806	32.7329
65	R07	69°58.73′N	168°58.98′W	7−21 21:45	38	34	−1.6776	0.3691	27.5964	32.7858
66	R08	71°00.19′N	168°58.81′W	7−22 03:35	44	40	−1.7208	0.8502	30.3716	32.9450
67	C06	70°31.00′N	162°45.80′W	7−23 12:50	36	31	2.7643	5.3318	32.1035	32.7263
68	C05	70°45.60′N	164°43.70′W	7−23 17:02	34	30	−0.4942	4.8328	30.4295	32.4553
69	C04	71°00.71′N	167°01.79′W	7−23 21:55	46	43	0.0165	4.5958	29.9667	32.5531
70	R09	71°57.80′N	168°56.40′W	7−24 03:55	51	47	−1.7357	−1.2211	29.9413	32.9200
71	C07	72°32.47′N	165°19.54′W	7−24 10:30	51	47	−1.7410	−0.2745	28.9921	33.1103
72	C08	72°06.31′N	162°22.74′W	7−24 17:02	32	30	−1.5036	2.8836	27.8578	32.6587
73	C09	71°48.83′N	159°42.88′W	7−25 01:12	50	47	−1.5841	−0.4632	28.3889	32.8756
74	Co10	71°37.21′N	157°55.61′W	7−25 07:02	63	58	−1.2851	3.4587	29.2067	32.2892
75	Co9	71°34.03′N	157°50.34′W	7−25 08:54	66	60	−1.4982	1.2967	29.0523	32.3218
76	Co8	71°32.30′N	157°45.10′W	7−25 09:50	72	67	−1.4720	1.1016	29.0092	32.4251
77	Co7	71°29.69′N	157°40.66′W	7−25 10:47	85	82	−1.4354	4.4109	29.0514	33.1726
78	Co6	71°27.25′N	157°34.80′W	7−25 11:54	116	108	−1.5056	3.4857	29.7976	33.5674
79	Co5	71°24.95′N	157°29.56′W	7−25 12:45	126	122	−1.2404	2.8119	29.7792	33.4708
80	Co4	71°22.46′N	157°24.13′W	7−25 14:05	116	110	−0.4012	3.2493	29.5918	33.0014
81	Co3	71°19.91′N	157°18.93′W	7−25 14:55	93	88	0.1307	2.6216	31.9459	32.7028
82	Co2	71°17.26′N	157°14.88′W	7−25 15:55	58	56	0.9273	3.2074	30.3780	32.3823
83	Co1	71°14.81′N	157°09.53′W	7−25 16:50	48	40	2.7163	3.2519	30.2653	32.0737
84	S21	71°37.41′N	154°43.33′W	7−25 22:26	46	42	0.3903	4.4620	28.8529	32.2330
85	S22	71°48.80′N	154°12.04′W	7−26 00:46	147	143	−0.6859	4.2376	30.0492	33.2835
86	S23	71°55.75′N	153°45.81′W	7−26 02:30	338	363	−1.6121	1.9914	24.0332	34.8467
87	S24	72°15.027′N	153°12.717′W	7−26 13:50	2567	2530	−1.4681	0.7672	26.6047	34.9528
88	S25	72°20.53′N	152°30.00′W	7−26 20:59	2830	2865	−1.4988	0.7749	26.4059	34.9558
89	S26	72°42.04′N	153°33.12′W	7−27 11:50	3521	3578	−1.4955	0.7718	26.3556	34.9559

序号 ＃	站名 Name	纬度 Latitude	经度 Longitude	时间 Date and Time	水深 Depth （m）	压强最大 值 P_{max} （db）	温度最小 值 T_{min} （℃）	温度最大 值 T_{max} （℃）	盐度最小 值 S_{min}	盐度最大 值 S_{max}
90	MS01	73°10.48′N	154°42.44′W	7−27 22:30	3814	3798	−1.5402	0.8668	26.4953	34.9559
91	MS02	73°40.51′N	156°22.05′W	7−28 08:28	3743	3726	−1.5601	1.1772	26.0973	34.9559
92	MS03	74°04.05′N	157°17.92′W	7−28 16:30	3890	3890	−1.5330	0.8622	26.4089	34.9559
93	Mor1	74°25.44′N	158°08.49′W	7−29 04:20	1719	1701	−1.5826	0.8671	26.2886	34.9209
94	Mor2	74°32.83′N	158°59.15′W	7−29 08:00	1224	1170	−1.5402	0.7855	26.4706	34.8935
95	BN01	76°27.17′N	158°54.04′W	7−30 03:55	1443	1391	−1.5943	0.8480	25.7933	34.9135
96	BN02	77°27.99′N	158°58.31′W	7−30 15:00	1747	1683	−1.5905	0.8644	27.2811	34.9264
97	BN03	78°29.96′N	158°53.99′W	7−31 06:20	2790	2862	−1.5716	0.8700	28.3943	34.9557
98	BN04	79°28.27′N	159°02.35′W	8−1 00:34	3476	1283	−1.5188	0.8689	29.0223	34.8939
99	BN05	80°29.04′N	161°27.90′W	8−1 17:59	3156	3144	−1.5282	0.8693	29.9195	34.9558
100	BN06	81°27.69′N	164°56.37′W	8−2 12:45	3566	3568	−1.5194	0.8648	29.5625	34.9559
101	BN07	82°28.95′N	166°28.28′W	8−3 05:25	3627	3621	−1.5299	0.8400	29.4712	34.9558
102	BN08	83°31.71′N	164°02.92′W	8−4 09:00	2799	2772	−1.5107	0.8416	29.4773	34.9554
103	BN09	84°11.21′N	167°07.61′W	8−5 01:30	2500	2458	−1.5477	0.8768	29.7196	34.9527
104	BN10	85°30.21′N	178°38.60′W	8−5 21:23	2434	2412	−1.7202	0.9227	30.3390	34.9518
105	BN11	86°04.85′N	176°05.88′W	8−6 09:55	3903	3905	−1.6525	0.9947	30.6416	34.9503
106	BN13	87°04.27′N	176°37.77′W	8−20 15:15	3995	4002	−1.6558	0.8929	30.5082	34.9516
107	SR22	83°44.67′N	170°40.11′W	8−23 06:30	2459	1068	−1.5895	0.9351	29.9062	34.8895
108	SR20	81°56.89′N	169°02.03′W	8−24 00:20	3409	3397	−1.5130	0.9645	29.2306	34.9538
109	SR18	79°59.38′N	169°05.76′W	8−25 00:43	3347	3322	−1.6332	0.9075	30.0223	34.9538
110	SR17	79°00.28′N	168°59.90′W	8−25 09:26	3067	3048	−1.6353	0.9134	27.9790	34.9538
111	SR16	77°58.90′N	168°58.21′W	8−25 20:50	657	623	−1.5151	0.7894	27.1304	34.8556
112	M01	77°30.06′N	172°03.77′W	8−26 03:28	2310	2265	−1.5109	0.9212	26.8915	34.9515
113	M02	76°59.94′N	171°59.33′W	8−26 10:00	2300	2272	−1.4923	0.9475	26.5254	34.9518
114	M03	76°30.14′N	171°49.96′W	8−26 20:00	2298	2261	−1.5343	0.9230	26.5331	34.9517
115	M04	75°59.90′N	171°59.06′W	8−28 00:50	2016	1970	−1.5291	0.9368	26.2272	34.9501
116	M05	75°39.10′N	172°07.66′W	8−28 06:00	1617	1530	−1.5490	0.9290	26.4639	34.9309
117	M06	75°19.80′N	171°59.85′W	8−28 14:10	809	761	−1.5410	0.8562	25.8402	34.8672
118	M07	74°59.68′N	172°01.87′W	8−28 19:48	393	357	−1.5844	0.7879	26.5752	34.8241
119	SR12	74°29.86′N	169°00.08′W	8−29 03:03	187	176	−1.4543	0.7474	27.1855	34.1172

续表 5

序号 #	站名 Name	纬度 Latitude	经度 Longitude	时间 Date and Time	水深 Depth （m）	压强最大 值 P_{max} （db）	温度最小 值 T_{min} （℃）	温度最大 值 T_{max} （℃）	盐度最小 值 S_{min}	盐度最大 值 S_{max}
120	SR11	73°59.69′N	168°59.25′W	8-29 07:18	184	171	−1.7015	1.2076	27.6797	34.4897
121	SR10	73°00.04′N	169°00.05′W	8-29 12:52	77	72	−1.7266	2.1967	29.4483	33.0331
122	SR09	71°59.89′N	168°59.54′W	8-29 18:00	52	49	−0.2457	5.5909	31.2541	32.5814
123	SR08	71°00.00′N	168°59.00′W	8-29 23:40	44	40	0.6940	5.6485	31.0647	32.3207
124	SR07	70°00.28′N	168°58.61′W	8-30 05:39	37	35	0.3879	4.9150	30.4561	32.4654
125	SR06	69°30.04′N	168°59.42′W	8-30 08:45	53	50	3.3130	8.8076	31.0696	32.2387
126	SR05	69°00.10′N	168°59.86′W	8-30 11:15	54	53	2.1672	7.9376	29.0829	32.3913
127	SR04	68°29.88′N	168°59.79′W	8-30 14:05	56	53	2.4676	5.1272	31.6270	32.4990
128	SR03	67°59.85′N	169°00.92′W	8-30 16:45	58	55	2.8639	5.1530	29.3163	32.7936
129	SR02	67°29.94′N	168°58.87′W	8-30 20:27	51	49	2.8526	7.7747	31.0276	32.0798
130	SR01	67°00.24′N	168°58.20′W	8-30 23:00	49	48	2.5175	4.9350	31.9187	32.3122
131	NB12	63°56.09′N	172°42.58′W	8-31 16:07	63	61	1.9215	9.9474	31.3441	33.1407
132	NB11	63°40.91′N	172°34.83′W	8-31 17:32	57	54	−1.2761	9.9219	31.0990	32.4291
133	BB07R	63°26.62′N	173°32.85′W	8-31 19:55	74	70	−1.2234	9.6761	30.9667	32.5261
134	NBA	63°07.74′N	170°54.67′W	9-1 20:10	41	38	−0.2693	9.1569	31.2227	32.4294

续表 5

附件6　中国第2次北极科学考察浮游动物采样站位信息表

序号#	站名 Name	采样瓶号 Name of bottle	标本编号 Name of Specimens	纬度 Latitude	经度 longitude	采集时间 Date and Time	水深 Depth (m)	绳长 Length (m)	流量计起始读数 Flowmeter Begin	流量计末读数 Flowmeter End
1	BR21	BZ01	BJW03−01	51°37′48″N	168°06′00″E	07−24 01:03	3600	200	13735	14969
2	BR24	BZ02	BJW03−02	53°58′25″N	170°46′40″E	07−24 23:00	3750	200		20102
3	BR01	BZ03	BJW03−03	56°00′08″N	173°01′38″E	07−25 17:20	3850	200	64972	65619
4	BR03	BZ04	BJW03−04	57°59′33″N	176°10′40″E	07−26 08:50	3870	200	66830	
5	BR05	BZ05	BJW03−05	59°29′46″N	179°00′29″E	07−27 01:50	3440	200	76450	79242
6	BR07	BZ06	BJW03−06	60°05′11″N	179°58′53″E	07−26 10:00	2000	200	84746	87400
7	BR09	BZ07	BJW03−07	60°28′08″N	179°03′27″W	07−26 14:45	300	200	92276	94161
8	BR11	BZ08	BJW03−08	60°39′55″N	178°14′16″W	07−26 14:45	158	158	97773	98717
9	BS02	BZ09	BJW03−09	64°20′40″N	171°00′57″W	07−27 17:41	40	40	25	575
10	BS06	BZ10	BJW03−10	64°20′07″N	169°00′23″W	07−28 03:20	40	40	1509	1915
11	BS10	BZ11	BJW03−11	64°20′03″N	167°00′36″W	07−28 10:00	30	25	2673	2828
12	R01	CZ12	BJW03−12	66°59′28″N	169°00′49″W	07−29 15:00	49	45		62565
13	R03	CZ13	BJW03−13	68°00′00″N	169°00′00″W	07−29 22:30	57	52		
14	R06	CZ14	BJW03−14	69°29′43″N	169°00′00″W	07−30 07:00	51	50	58721	59555
15	R08	CZ15	BJW03−15	70°29′28″N	169°00′08″W	07−30 13:30	36	35	60852	61059
16	R10	CZ16	BJW03−16	71°29′51″N	169°00′34″W	07−30 22:20	48	48		
17	R12	CZ17	BJW03−17	72°29′54″N	168°59′30″W	07−31 09:10	76	70		62930
18	R14	CZ18	BJW03−18	73°28′29″N	169°07′19″W	08−01 09:10	115	110	62776	63512
19	C01	CZ19	BJW03−19	71°39′51″N	167°59′03″W	08−03 01:30	48	45	292	568
20	C03	CZ20	BJW03−20	71°36′51″N	165°59′51″W	08−03 07:30	43	43	814	1262
21	C06	CZ21	BJW03−21	71°32′51″N	163°00′52″W	08−03 14:10	42	43	1812	2188
22	S21	CZ22	BJW03−22	71°39′05″N	154°59′02″W	08−05 14:15	70	67	2720	3458
23	C25	CZ23	BJW03−23	70°29′38″N	163°58′09″W	08−06 08:50	41	35	4458	4931
24	C23	CZ24	BJW03−24	70°30′02″N	166°00′00″W	08−06 14:10	44	40	5471	6521
25	C21	CZ25	BJW03−25	70°30′00″N	168°00′48″W	08−06 19:00	46	43	7480	7508
26	C35	CZ26	BJW03−26	68°55′15″N	166°29′19″W	08−07 05:00	32	30	7832	8010
27	C32	CZ27	BJW03−27	68°55′00″N	168°00′18″W	08−07 08:50	50	45		8345
28	R03	CZ28	BJW03−28	67°59′57″N	168°59′22″W	08−07 16:10	56	50	9372	9382
29	R05	CZ28	BJW03−29	69°00′05″N	168°59′24″W	08−07 21:40	51	45		10105

续表 6

序号 #	站名 Name	采样瓶号 Name of bottle	标本编号 Name of Specimens	纬度 Latitude	经度 longitude	采集时间 Date and Time	水深 Depth (m)	绳长 Length (m)	流量计起 始读数 Flowmeter Begin	流量计末 读数 Flowmeter End
30	R06	CZ29	BJW03－30	69°30′00″N	168°59′30″W	08－08 00:30	51	45		11356
31	R08	CZ30	BJW03－31	70°30′03″N	168°58′46″W	08－08 05:50	37	32	12236	12468
32	R10	CZ31	BJW03－32	71°29′43″N	168°59′39″W	08－08 12:00	51	45		13088
33	R12	CZ32	BJW03－33	72°30′13″N	168°59′05″W	08－08 17:00	75	70		13608
34	R14	CZ33	BJW03－34	73°30′07″N	168°59′35″W	08－09 03:20	118	110		13912
35	R16	CZ34	BJW03－35	74°30′50″N	169°04′40″W	08－09 13:10	180	170	17755	18626
36	P11	CZ35	BJW03－36	75°00′24″N	169°59′37″W	08－09 00:00	260	200		20189
37	P17	CZ36	BJW03－37	74°09′22″N	157°59′07″W	08－11 11:20	2500	200		24210
38	B11	CZ37	BJW03－38	73°59′42″N	156°19′54″W	08－11 16:15	3000	200		27302
39	B13	CZ38	BJW03－39	73°22′47″N	151°53′00″W	08－14 05:53	3000	200	28620	30582
40	S25	CZ39	BJW03－40	72°44′31″N	153°24′11″W	08－14 17:30		200		35420
41	S11	CZ40	BJW03－41	72°29′24″N	159°00′00″W	08－17 01:20	52	50	36979	37258
42	S13	CZ41	BJW03－42	72°56′18″N	158°17′52″W	08－17 08:00	1330	200		38549
43	S16	CZ42	BJW03－43	73°35′28″N	157°09′50″W	08－17 17:00	3000	200		39976
44	P27	CZ43	BJW03－44	75°29′33″N	156°00′22″W	08－18 12:00	3050	200		42270
45	ICE4	ICE4	BJW03－45	77°30′59″N	152°21.89′W	08－19 18:30	3080	200	44750	44771
46	ICE6	ICE6	BJW03－46	80°11′47″N	146°46′10″W	08－24 20:00		170		45041
47	P80	CZ44	BJW03－47	80°13′25″N	146°44′16″W	08－25 04:00	3800	200		45970
48	P79	CZ45	BJW03－48	79°18′52″N	151°47′09″W	08－26 15:00		200	47042	49199
49	P47	CZ47	BJW03－49	78°28′43″N	147°01′41″W	08－29 14:10		200		
50	P25	CZ48	BJW03－50	78°00′33″N	155°03′15″W	09－04 18:00		200		
51	P23	CZ49	BJW03－51	77°31′40″N	162°31′05″W	09－05 15:30	2200	200		58740
52	P21	CZ50	BJW03－52	77°22′44″N	167°21′38″W	09－06 05:30	530	75		61470
53	M01	CZ51	BJW03－53	77°17′56″N	169°00′46″W	09－06 10:30		200		62187
54	M02	CZ52	BJW03－54	77°17′12″N	171°54′29″W	09－06 19:00	2400	200		64425
55	M03	CZ53	BJW03－55	76°32′13″N	171°55′52″W	09－07 03:30	2400	200		65581
56	P11	CZ54	BJW03－56	75°00′02″N	169°59′22″W	09－07 21:00	250	200		

附件 7　中国第 2 次北极科学考察浮游动物物种名录

序号 Serial number	纲 Class	目 Order	科 Familly	属 Genus	种 Species	拉丁名 Scientific name	分布海区 distribution aera
Acartia longiremis	Maxillopoda	Calanoida	Acartiidae	Acartia	longiremis	*Acartia longiremis*	白令海、楚科奇海
Acartia clausi	Maxillopoda	Calanoida	Acartiidae	Acartia	clausi	*Acartia clausi*	白令海、楚科奇海
Chiridius polaris	Maxillopoda	Calanoida	Aetideidae	Chiridius	polaris	*Chiridius polaris*	楚科奇海、楚科奇海台/加拿大海盆
Chirundina streetsii	Maxillopoda	Calanoida	Aetideidae	Chirundina	streetsii	*Chirundina streetsii*	白令海、楚科奇海
Calanus glicialis	Maxillopoda	Calanoida	Calanidae	Calanus	glicialis	*Calanus glicialis*	楚科奇海、楚科奇海台/加拿大海盆
Calanus finmarchicus	Maxillopoda	Calanoida	Calanidae	Calanus	finmarchicus	*Calanus finmarchicus*	加拿大海盆
Calanus hyperboreus	Maxillopoda	Calanoida	Calanidae	Calanus	hyperboreus	*Calanus hyperboreus*	楚科奇海台/加拿大海盆
Eucalanus bungii	Maxillopoda	Calanoida	Calanidae	Eucalanus	bungii	*Eucalanus bungii*	白令海、楚科奇海
Centropages abdominalis	Maxillopoda	Calanoida	Centropagidae	Centropages	abdominalis	*Centropages abdominalis*	加拿大海盆
Centropages tenuiremis	Maxillopoda	Calanoida	Centropagidae	Centropages	tenuiremis	*Centropages tenuiremis*	加拿大海盆
Pseudocalanus major	Maxillopoda	Calanoida	Clausocalanidae	Pseudocalanus	major	*Pseudocalanus major*	楚科奇海、楚科奇海台
Pseudocalanus minutus	Maxillopoda	Calanoida	Clausocalanidae	Pseudocalanus	minutus	*Pseudocalanus minutus*	白令海、楚科奇海、楚科奇海台/加拿大海盆
Pseudocalanus newmani	Maxillopoda	Calanoida	Clausocalanidae	Pseudocalanus	newmani	*Pseudocalanus newmani*	白令海、楚科奇海
Clausocalanus furcatus	Maxillopoda	Calanoida	Clausocalanidae	Clausocalanus	furcatus	*Clausocalanus furcatus*	白令海、楚科奇海
Clausocalanus arcuicornis	Maxillopoda	Calanoida	Clausocalanidae	Clausocalanus	arcuicornis	*Clausocalanus arcuicornis*	白令海、楚科奇海
Clausocalanus dubius	Maxillopoda	Calanoida	Clausocalanidae	Clausocalanus	dubius	*Clausocalanus dubius*	白令海、楚科奇海
Microcalanus pygmaeus	Maxillopoda	Calanoida	Clausocalanidae	Microcalanus	pygmaeus	*Microcalanus pygmaeus*	楚科奇海台/加拿大海盆

129

续表 7

序号 Serial number	纲 Class	目 Order	科 Familly	属 Genus	种 Species	拉丁名 Scientific name	分布海区 distribution aera
Microcalanus pusillus	Maxillopoda	Calanoida	Clausocalanidae	Microcalanus	pusillus	Microcalanus pusillus	楚科奇海台／加拿大海盆
Paraeuchaeta glicialis	Maxillopoda	Calanoida	Euchaetidae	Paraeuchaeta	glicialis	Paraeuchaeta glicialis	楚科奇海台／加拿大海盆
Paraeuchaeta norvegica	Maxillopoda	Calanoida	Euchaetidae	Paraeuchaeta	norvegica	Paraeuchaeta norvegica	楚科奇海台／加拿大海盆
Heterorhabdus norvegicus	Maxillopoda	Arietelloidea	Heterorhabdidae	Heterorhabdus	norvegicus	Heterorhabdus norvegicus	楚科奇海台／加拿大海盆
Metridia longa	Maxillopoda	Calanoida	Metridinidae	Metridia	longa	Metridia longa	楚科奇海台／加拿大海盆
Mertidia lucens	Maxillopoda	Calanoida	Metridinidae	Metridia	lucens	Mertidia lucens	白令海
Oithona similis	Maxillopoda	Cyclopoida	Oithonidae	Oithona	similis	Oithona similis	楚科奇海台／加拿大海盆
Paracalanus parvus	Maxillopoda	Calanoida	Paracalanidae	Paracalanus	parvus	Paracalanus parvus	楚科奇海台／加拿大海盆
Sapphrina spp.	Maxillopoda	Poecilostomatoida	Sapphirinidae	Sapphrina			楚科奇海台／加拿大海盆
Scolecithricella minor	Maxillopoda	Calanoida	Scolecitrichidae	Scolecithricella	minor	Scolecithricella minor	白令海、楚科奇海
Scaphocalanus magus	Maxillopoda	Calanoida	Scolecitrichidae	Scaphocalanus	magus	Scaphocalanus magus	楚科奇海台／加拿大海盆
Eurytemora herdmeni	Maxillopoda	Calanoida	Temoridae	Eurytemora	herdmeni	Eurytemora herdmeni	白令海、楚科奇海
Eurytemora pacifica	Maxillopoda	Calanoida	Temoridae	Eurytemora	pacifica	Eurytemora pacifica	白令海
Tortanus discaudata	Maxillopoda	Calanoida	Tortanidae	Tortanus	discaudata	Tortanus discaudata	白令海、楚科奇海
Harpacticoida	Maxillopoda	Harpacticoida					白令海、楚科奇海

续表 7

序号 Serial number	纲 Class	目 Order	科 Familly	属 Genus	种 Species	拉丁名 Scientific name	分布海区 distribution aera
copepod nauplli	Maxillopoda	Calanoida					白令海、楚科奇海、楚科奇海台/加拿大海盆
leuckartiara octona	Hydrozoa	Anthoathecata	Pandeidae	leuckartiara	octona	leuckartiara octona	白令海、楚科奇海、楚科奇海台/加拿大海盆
Polyorchis sp.	Hydrozoa	Anthomedusae	Polyorchidae				白令海、楚科奇海、楚科奇海台/加拿大海盆
Anthomedusae	Hydrozoa	Anthomedusae					白令海、楚科奇海、楚科奇海台/加拿大海盆
Rathkea octopunctata	Hydrozoa	Anthoathecata	Rathkeidae	Rathkea	octopunctata	Rathkea octopunctata	白令海、楚科奇海
Euphysora bigelowi	Hydrozoa	Anthoathecata	Corymorphidae	Euphysora	bigelowi	Euphysora bigelowi	白令海、楚科奇海
obelia longissina	Hydrozoa	Leptomedusae	Campanulariidae	obelia	longissina	obelia longissina	白令海、楚科奇海
Aeginopsis laurentii	Hydrozoa	Narcomedusae	Aeginidae	Aeginopsis	laurentii	Aeginopsis laurentii	白令海、楚科奇海
Dimophyes arctica	Hydrozoa	Siphonophorae	iphyidae	Dimophyes	arctica	Dimophyes arctica	白令海、楚科奇海
Muggiaea bargmannae	Hydrozoa	Siphonophorae	Diphyidae	Muggiaea	bargmannae	Muggiaea bargmannae	白令海、楚科奇海
Aglantha digital	Hydrozoa	Trachymedusae	Rhopalonematidae	Aglantha	digital	Aglantha digital	白令海、楚科奇海
Eirene sp.	Scyphozoa	Semaeostomeae	Ulmaridae	Eirene			白令海、楚科奇海
Aurelia sp.	Scyphozoa	Semaeostomeae	Ulmaridae	Aurelia			白令海、楚科奇海
Ctenophora	Tentaculata	Cydippida					白令海、楚科奇海
Sagitta elegant	Sagittoidea	Aphragmophora	Sagittidae	Sagitta	elegant	Sagitta elegant	白令海、楚科奇海、楚科奇海台/加拿大海盆
Sagitta maxima	Sagittoidea	Aphragmophora	Sagittidae	Sagitta	maxima	Sagitta maxima	楚科奇海台/加拿大海盆
Eukrohnia hamata	Sagittoidea	Phragmophora	Eukrohniidae	Eukrohnia	hamata	Eukrohnia hamata	白令海、楚科奇海

续表 7

序号 Serial number	纲 Class	目 Order	科 Familly	属 Genus	种 Species	拉丁名 Scientific name	分布海区 distribution aera
Polychaete	Polychaeta						白令海、楚科奇海、楚科奇海台/加拿大海盆
Tomopteris sp.	Polychaeta	Aciculata	Tomopteridae				白令海、楚科奇海、楚科奇海台/加拿大海盆
Oikopleura vanhoffeni	Appendicularia	Copelata	Oikopleuridae	*Oikopleura*			白令海、楚科奇海、楚科奇海台/加拿大海盆
Amphipoda	Malacostraca	Amphipoda					白令海、楚科奇海、楚科奇海台/加拿大海盆
Ostracods	Ostracoda						白令海、楚科奇海、楚科奇海台/加拿大海盆
Clione limacina	Gastropoda	Gymnosomata	Clionidae				楚科奇海台/加拿大海盆
Macrura	Malacostraca						白令海、楚科奇海
Brachyura	Malacostraca						白令海、楚科奇海
Gastropods larva	Gastropoda						白令海、楚科奇海
nectochaete	Polychaeta						白令海、楚科奇海
Balanus larva	Maxillopoda	Sessilia	Balanidae	*Balanus*			楚科奇海
Balanus cypris larva	Maxillopoda	Sessilia	Balanidae	*Balanus*			楚科奇海
Mysidacea	Malacostraca	Mysidacea					白令海、楚科奇海
Euphausiacea	Malacostraca	Euphausiacea					白令海、楚科奇海
Gammaridea	Malacostraca	Amphipoda					白令海、楚科奇海

附件 8　中国第 3 次北极科学考察浮游动物采样站位信息表

序号 #	站位 Name	采样瓶号 Name of bottle	标本编号 Name of Specimens	纬度 Latitude	经度 longitude	采集时间 Date and Time	水深 Depth (m)	绳长 Length (m)	流量计 起始读数 Flowmeter Begain	流量计 末读数 Flowmeter End
1	BR01	N001	BJw08001	173°07′37″E	55°56′31″N	07－20 07:03	3800	200	77992	79162
2	BR10	N002	BJW08002	178°45′52″W	60°30′54″N	07－23 15:41	252	180	82346	83640
3	BR12	N003	BJW08003	177°45′28″W	60°54′46″N	07－23 22:52	135	110	83642	84043
4	BR13	N004	BJw08004	176°48′35″W	61°63′57″N	07－24 03:16	112	105	84417	84672
5	BR14	N005	BJw08005	175°42′13″W	61°41′58″N	07－24 06:40	90	80	85115	85520
6	BR15	N006	BJw08006	175°14′43″W	62°11′54″N	07－24 10:54	75	70	85931	86110
7	NB11	N007	BJw08007	174°31′54″W	62°52′17″N	07－24 15:34	69	60	86205	86605
8	NB13	N008	BJw08008	173°34′23″W	62°34′08″N	07－24 20:06	60	60	87005	87678
9	NB15	N009	BJw08009	171°59′12″W	62°12′53″N	07－25 01:55	41	35	88223	88550
10	NB17	N010	BJw08010	170°00′06″W	61°49′46″N	07－25 08:10	36	35	88908	89218
11	NB19	N011	BJw08011	168°00′54″W	61°29′07″N	07－25 15:30	23	20	89218	89307
12	BS01	N012	BJw08012	171°29′27″W	64°20′52″N	07－26 21:23	42	40	89585	89760
13	BS05	N013	BJw08013	169°29′50″W	64°19′56″N	07－27 11:21	33	33	89932	90028
14	BS09	N014	BJw08014	167°30′09″W	64°19′00″N	07－27 19:20	24	24	90228	90320
15	BS11	N015	BJw08015	168°51′30″W	65°30′59″N	08－01 04:15	53	50	90307	90549
16	BS12	N016	BJw08016	168°51′58″W	65°59′42″N	08－01 09:00	47	47	90669	90772
17	R01	N017	BJw08017	168°59′54″W	66°59′42″N	08－01 16:05	42	41	90915	91092
18	R03	N018	BJw08018	169°01′30″W	67°59′42″N	08－01 22:45	50	50	91275	91462
19	R05	N019	BJw08019	168°59′43″W	68°59′59″N	08－02 04:41	47	47	91588	91820
20	C33	N020	BJw08020	167°30′26″W	68°54′12″N	08－02 11:02	41	40	92035	92268
21	C35	N021	BJw08021	166°30′48″W	68°55′42″N	08－02 14:09	28	27	92493	92576
22	R07	N022	BJw08022	168°59′30″W	69°59′36″N	08－02 21:30	31	31	92693	92850
23	R09	N023	BJw08023	168°58′24″W	70°59′54″N	08－03 03:49	37	37	92904	93127
24	C23	N024	BJw08024	165°59′54″W	70°29′11″N	08－03 12:40	39	39	93246	93359
25	C25	N025	BJw08025	164°02′00″W	70°30′30″N	08－03 17:12	37	37	93478	93503
26	C10A	N026	BJw08026	157°50′42″W	71°24′10″N	08－04 04:56	107	83	93702	94017
27	C17	N027	BJw08027	161°58′54″W	71°29′41″N	08－04 16:30	41	40	94260	94390
28	C15	N028	BJw08028	163°58′59″W	71°32′00″N	08－04 21:10	37	36	94547	94602

续表 8

序号 #	站位 Name	采样瓶号 Name of bottle	标本编号 Name of Specimens	纬度 Latitude	经度 longitude	采集时间 Date and Time	水深 Depth (m)	绳长 Length (m)	流量计起始读数 Flowmeter Begain	流量计末读数 Flowmeter End
29	C13	N029	BJw08029	166°45′00″W	71°48′52″N	08−05 02:21	38	37	94845	94956
30	R11	N030	BJw08030	168°59′06″W	71°59′00″N	08−05 11:20	47	45	95040	95192
31	R13	N031	BJw08031	169°00′00″W	73°00′30″N	08−06 00:22	71	70	95552	95607
32	R15	N032	BJw08032	169°00′24″W	73°59′30″N	08−06 08:14	173	170	95829	96347
33	R17	N033	BJw08033	168°00′24″W	73°59′00″N	08−06 17:01	173	150	97215	97608
34	B11	N034	BJw08034	165°02′06″W	75°00′28″N	08−07 00:28	552	200	97608	98239
35	B12	N035	BJw08035	162°01′39″W	75°00′18″N	08−07 06:16	2013	200	98898	99442
36	B13	N036	BJw08036	158°59′36″W	74°30′05″N	08−07 14:29	1134	200	99984	442
37	S16	N037	BJw08037	157°09′00″W	73°35′05″N	08−08 09:09	3261	200	972	1897
38	S14	N038	BJw08038	157°55′02″W	73°10′08″N	08−08 17:27	2517	200	2018	2196
39	S12	N039	BJw08039	158°39′24″W	72°43′42″N	08−09 04:59	207	200	2640	3166
40	S11	N041	BJw08041	158°57′41″W	72°30′30″N	08−09 08:49	48	48	3166	3280
41	S22	N042	BJw08042	154°40′36″W	71°55′06″N	08−09 20:12	369	200	3373	4011
42	S24	N043	BJw08043	154°10′31″W	72°24′13″N	08−10 06:00	2346	200	4531	5407
43	B23	N044	BJw08044	149°58′51″W	74°40′52″N	08−11 13:51	3872	200	5588	6051
44	B21	N045	BJw08045	153°58′49″W	75°14′14″N	08−12 01:50	3890	200	6519	6603
45	B31	N046	BJw08046	152°00′08″W	76°30′32″N	08−14 06:22	3883	200	7405	9794
46	B33	N047	BJw08047	147°59′20″W	75°59′05″N	08−14 17:35	3863	200	9794	10521
47	B77	N048	BJw08048	146°49′17″W	76°58′58″N	08−15 03:36	3857	200	11138	11788
48	B79	N049	BJw08049	147°36′56″W	78°58′29″N	08−16 04:00	3863	200	12422	12796
49	B80	N050	BJw08050	147°29′19″W	80°00′32″N	08−16 17:58	3854	200	13075	13452
50	B81	N051	BJw08051	146°14′44″W	81°00′44″N	08−17 08:51	3843	200	13452	14646
51	B82	N052	BJw08052	147°16′08″W	81°58′48″N	08−17 21:40	3387	200	15747	16697
52	B83	N053	BJw08053	147°18′30″W	82°59′55″N	08−18 14:19	2679	200	17931	18752
53	B84	N054	BJw08054	144°16′30″W	83°59′32″N	08−19 04:41	2296	200	19601	19989
54	B84−2	N055	BJw08055	143°34′50″W	84°26′50″N	08−19 23:37	2247	200	20494	20977
55	B85	N056	BJw08056	147°03′22″W	85°07′14″N	08−27 20:48	2079	200	21467	21953
56	B86	N057	BJw08057	147°29′07″W	85°24′49″N	08−29 12:10	2376	200	21953	22463
57	N84	N058	BJw08058	148°45′55″W	83°59′40″N	08−30 21:12	2484	200	22948	23528
58	N83	N059	BJw08059	150°57′52″W	83°00′03″N	08−31 09:21	3157	200	24089	24597

序号 #	站位 Name	采样瓶号 Name of bottle	标本编号 Name of Specimens	纬度 Latitude	经度 longitude	采集时间 Date and Time	水深 Depth (m)	绳长 Length (m)	流量计 起始读数 Flowmeter Begain	流量计 末读数 Flowmeter End
59	N82	N060	BJw08060	154°10′23″W	81°56′04″N	08−31 19:19	3228	200	24597	25091
60	N81	N061	BJw08061	155°17′35″W	81°02′05″N	09−01 05:11	3847	200	25570	26005
61	P80	N062	BJw08062	158°02′58″W	80°02′05″N	09−01 21:02	3709	200	26005	26889
62	N02	N063	BJw08063	168°59′01″W	79°19′18″N	09−03 07:48	3163	200	28245	28872
63	N04	N064	BJw08064	166°59′33″W	78°20′15″N	09−04 00:17	460	200	29449	30068
64	M01	N065	BJw08065	171°59′53″W	77°30′39″N	09−04 15:51	2280	200	30645	31241
65	M03	N066	BJw08066	172°01′49″W	76°29′01″N	09−05 07:49	2301	200	31871	32494
66	M05	N067	BJw08067	171°59′32″W	75°40′48″N	09−05 18:43	1637	200	33008	33747
67	M07	N068	BJw08068	171°59′37″W	75°00′26″N	09−06 03:46	394	200	34441	35243
68	R17	N069	BJw08069	169°00′35″W	75°00′55″N	09−06 10:42	216	200	35989	36610
69	R15	N070	BJw08070	168°59′38″W	73°59′59″N	09−06 16:39	174	170	37198	37565
70	R13	N071	BJw08071	168°59′14″W	72°59′39″N	09−07 00:10	69	70	37921	38008
71	R11	N072	BJw08072	168°58′43″W	71°59′21″N	09−07 00:10	45	45	38311	38495
72	R09	N073	BJw08073	168°59′01″W	71°00′48″N	09−07 00:10	37	37	38679	39036
73	R07	N074	BJw08074	169°00′48″W	70°00′27″N	09−08 03:56	28	30	39172	39375
74	R05	N075	BJw08075	168°59′37″W	69°00′39″N	09−08 10:33	46	46	39551	39969
75	R03	N076	BJW08076	169°02′41″W	67°58′37″N	09−08 04:10	47			

附件 9　中国第 3 次北极科学考察浮游动物种名录

序号 Serial number	纲 Class	目 Order	科 Familly	属 Genus	种 Species	拉丁名 Scientific name	分布海区 Distribution Area
Acartia longiremis	Maxillopoda	Calanoida	Acartiidae	Acartia	longiremis	Acartia longiremis	白令海、楚科奇海
Chiridius polaris	Maxillopoda	Calanoida	Aetideidae	Chiridius	polaris	Chiridius polaris	楚科奇海台 / 加拿大海盆
Chirundina streetsii	Maxillopoda	Calanoida	Aetideidae	Chirundina	streetsii	Chirundina streetsii	白令海、楚科奇海
Calanus glicialis	Maxillopoda	Calanoida	Calanidae	Calanus	glicialis	Calanus glicialis	楚科奇海、楚科奇海台 / 加拿大海盆
Calanus hyperboreus	Maxillopoda	Calanoida	Calanidae	Calanus	hyperboreus	Calanus hyperboreus	楚科奇海台 / 加拿大海盆
Calanus marshallae	Maxillopoda	Calanoida	Calanidae	Calanus	marshallae	Calanus marshallae	楚科奇海、楚科奇海台
Eucalanus bungii	Maxillopoda	Calanoida	Calanidae	Eucalanus	bungii	Eucalanus bungii	白令海、楚科奇海
Centopages abdominalis	Maxillopoda	Calanoida	Centropagidae	Centopages	abdominalis	Centopages abdominalis	白令海、楚科奇海
Pseudocalanus newmani	Maxillopoda	Calanoida	Clausocalanidae	Pseudocalanus	newmani	Pseudocalanus newmani	白令海、楚科奇海、楚科奇海台
Pseudocalanus minutus	Maxillopoda	Calanoida	Clausocalanidae	Pseudocalanus	minutus	Pseudocalanus minutus	白令海、楚科奇海、楚科奇海台
Pseudocalanus sp.	Maxillopoda	Calanoida	Clausocalanidae	Pseudocalanus			白令海、楚科奇海、楚科奇海台 / 加拿大海盆
Clausocalanus furcatus	Maxillopoda	Calanoida	Clausocalanidae	Clausocalanus	furcatus	Clausocalanus furcatus	白令海、楚科奇海
Microcalanus pygmaeus	Maxillopoda	Calanoida	Clausocalanidae	Microcalanus	pygmaeus	Microcalanus pygmaeus	楚科奇海台 / 加拿大海盆
Microcalanus pusillus	Maxillopoda	Calanoida	Clausocalanidae	Microcalanus	pusillus	Microcalanus pusillus	楚科奇海台 / 加拿大海盆
Paraeuchaeta glicialis	Maxillopoda	Calanoida	Euchaetidae	Paraeuchaeta	glicialis	Paraeuchaeta glicialis	楚科奇海、楚科奇海台 / 加拿大海盆
Metridia longa	Maxillopoda	Calanoida	Metridinidae	Metridia	longa	Metridia longa	楚科奇海台 / 加拿大海盆
Mertidia lucens	Maxillopoda	Calanoida	Metridinidae	Metridia	lucens	Mertidia lucens	白令海

续表 9

序号 Serial number	纲 Class	目 Order	科 Familly	属 Genus	种 Species	拉丁名 Scientific name	分布海区 Distribution Area
Scaphocalanus magus	Maxillopoda	Calanoida	Scolecitrichidae	Scaphocalanus	magus	Scaphocalanus magus	楚科奇海台/加拿大海盆
Scolecitricella minor	Maxillopoda	Calanoida	Scolecitrichidae	Scolecitricella	minor	Scolecitricella minor	白令海, 楚科奇海
Oithona similis	Maxillopoda	Cyclopoida	Oithonidae	Oithona	similis	Oithona similis	楚科奇海台/加拿大海盆
Heterorhabdus norvegicus	Maxillopoda	Arietelloidea	Heterorhabdidae	Heterorhabdus	norvegicus	Heterorhabdus norvegicus	楚科奇海台/加拿大海盆
Sapphrina spp.	Maxillopoda	Poecilostomatoida	Sapphirinidae	Sapphrina			楚科奇海台/加拿大海盆
Harpacticoida	Maxillopoda	Harpacticoida					楚科奇海台/加拿大海盆
copepod nauplii	Maxillopoda	Calanoida					白令海, 楚科奇海, 楚科奇海台/加拿大海盆
obelia longissina	Hydrozoa	Leptomedusae	Campanulariidae	obelia	longissina	obelia longissina	白令海, 楚科奇海
Dimophyes arctica	Hydrozoa	Siphonophorae	iphyidae	Dimophyes	arctica	Dimophyes arctica	白令海, 楚科奇海
Muggiaea bargmannae	Hydrozoa	Siphonophorae	Diphyidae	Muggiaea	bargmannae	Muggiaea bargmannae	白令海, 楚科奇海
Aglantha digital	Hydrozoa	Trachymedusae	Rhopalonematidae	Aglantha	digital	Aglantha digital	白令海, 楚科奇海
Anthomedusae	Hydrozoa	Anthomedusae					白令海, 楚科奇海
Rathkea octopunctata	Hydrozoa	Anthoathecata	Rathkeidae	Rathkea	octopunctata	Rathkea octopunctata	白令海, 楚科奇海
Aeginopsis laurentii	Hydrozoa	Narcomedusae	Aeginidae	Aeginopsis	laurentii	Aeginopsis laurentii	白令海, 楚科奇海
Ctenophora	Tentaculata	Cydippida					白令海, 楚科奇海
Sagitta maxima	Sagittoidea	Aphragmophora	Sagittidae	Sagitta	maxima	Sagitta maxima	楚科奇海台/加拿大海盆
Sagitta elegant	Sagittoidea	Aphragmophora	Sagittidae	Sagitta	elegant	Sagitta elegant	白令海, 楚科奇海, 楚科奇海台/加拿大海盆
Eukrohnia hamata	Sagittoidea	Phragmophora	Eukrohniidae	Eukrohnia	hamata	Eukrohnia hamata	白令海, 楚科奇海
Polychaete	Polychaeta						白令海, 楚科奇海, 楚科奇海台/加拿大海盆

续表 9

序号 Serial number	纲 Class	目 Order	科 Familly	属 Genus	种 Species	拉丁名 Scientific name	分布海区 Distribution Area
nectochaete	Polychaeta						白令海、楚科奇海、楚科奇海台/加拿大海盆
Mysidacea	Malacostraca	Mysidacea					白令海、楚科奇海
Euphausiacea	Malacostraca	Euphausiacea					白令海、楚科奇海
Macrura	Malacostraca						白令海、楚科奇海
Brachyura	Malacostraca						白令海、楚科奇海
Oikopleura vanhoffeni	Appendicularia	Copelata	Oikopleuridae	*Oikopleura*			白令海、楚科奇海、楚科奇海台/加拿大海盆
Balanus larva	Maxillopoda	Sessilia	Balanidae	*Balanus*			楚科奇海
Balanus cypris larva	Maxillopoda	Sessilia	Balanidae	*Balanus*			楚科奇海
Gastropods larva	Gastropoda						白令海、楚科奇海、楚科奇海台/加拿大海盆
Clione limacina	Gastropoda	Gymnosomata	Clionidae				楚科奇海台/加拿大海盆
Amphipoda	Malacostraca	Amphipoda					白令海、楚科奇海、楚科奇海台/加拿大海盆
Ostracods	Ostracoda						白令海、楚科奇海、楚科奇海台/加拿大海盆

附件 10　中国第 4 次北极科学考察浮游动物采样站位信息表

序号 #	站位 Name	采样瓶号 Name of bottle	标本编号 Name of Specimens	经度 longitude	纬度 Latitude	采集时间 Date and Time	水深 Depth (m)	绳长 Length (m)	流量计起 始读数 Flowmeter Begain	流量计 末读数 Flowmeter End
1	B04	NC24	BJW04−01	171°27′38″W	54°37′31″	07−11 21:35	3800	200	32637	33486
2	B07(1)	NW02	BJW04−02	176°15′50″W	57°59′12″	07−13 05:30	3800	200		
3	B07(2)	NW03	BJW04−03	176°16′43″W	57°59′36″	07−13 11:20	3800	200	35971	37562
4	B07(3)	NW04	BJW04−04	176°15′17″W	57°59′15″	07−13 17:00	3800	200	37562	38831
5	B07(4)	NW06	BJW04−05	176°15′12″W	57°58′56″	07−14 00:10	3800	200	38831	40220
6	B11	NW07	BJW04−06	179°59′39″W	59°57′40″	07−15 03:00	2500	200	40220	41676
7	NB01	NW13	BJW04−07	175°03′32″W	61°14′28″	07−17 12:05	80	70	43544	43865
8	NB02	NW15	BJW04−08	173°39′46″W	61°22′33″	07−17 15:45	73	67	101	411
9	BS01	NW16	BJW04−09	171°29′42″W	64°20′42″	07−19 13:02	50	45	45157	46397
10	BS04	NW18	BJW04−10	170°00′01″W	64°20′04″	07−19 18:45	45	25	411	505
11	BS07	NW19	BJW04−11	168°30′07″W	64°20′12″	07−20 00:30	40	35	505	635
12	BS11	NW20	BJW04−12	168°58′46″W	65°30′02″	07−20 12:30	51	50	635	832
13	R02	NW21	BJW04−13	169°00′48″W	67°30′01″	07−20 21:50	50	45	833	1115
14	CC2	NW22	BJW04−14	168°36′25″W	67°47′04″	07−21 04:30	50	45	1116	1288
15	C03	NW23	BJW04−15	166°27′52″W	69°01′40″	07−21 17:05	33	28	1288	1339
16	R04	NW24	BJW04−16	169°00′23″W	68°30′27″	07−22 01:05	53	50	1339	1447
17	C06	NW25	BJW04−17	162°44′57″W	70°31′31″	07−24 01:10	35	30	1447	1563
18	C08	NW26	BJW04−18	162°02′35″W	72°06′20″	07−25 05:20	32	26	1569	1625
19	Co9	NW27	BJW04−19	157°50′30″W	71°35′11″	07−25 21:00	65	60	1625	1826
20	Co2	NW28	BJW04−20	157°15′06″W	71°17′27″	07−26 04:05	58	54	1826	1931
21	S25	NW29	BJW04−21	152°30′49″W	72°19′30″	07−27 11:20	3000	200	1931	2424
22	S26	NW14	BJW04−22	153°32′49″W	72°42′49″	07−28 02:35	3521	200	50100	50865
23	MS01	NW17	BJW04−23	154°42′22″W	73°11′26″	07−28 13:20	3800	200	2426	2867
24	MS01	NW30	BJW04−24	154°42′22″W	73°11′26″	07−28 13:20	3800	200	50865	51731
25	MS02	NC25	BJW04−25	156°19′40″W	73°43′59″	07−28 23:30	3800	200	51733	52941
26	BN03	NC26	BJW04−26	158°48′51″W	78°29′05″	07−31 21:30	3060	150	52941	53491
27	BN04	NC27	BJW04−27	159°00′30″W	79°27′52″	08−01 13:45	3500	200	55645	56483
28	BN05	NC28	BJW04−28	161°19′32″W	80°29′20″	08−02 08:30	2000	200	58704	59478
29	BN07	NC29	BJW04−29	166°09′48″W	82°30′12″	08−03 20:35	3500	200	63790	64620

续表 10

序号 #	站位 Name	采样瓶号 Name of bottle	标本编号 Name of Specimens	经度 longitude	纬度 Latitude	采集时间 Date and Time	水深 Depth (m)	绳长 Length (m)	流量计起 始读数 Flowmeter Begain	流量计 末读数 Flowmeter End
30	BN08	NC30	BJW04−30	163°42′39″W	83°30′07″	08−04 23:15	2760	200	64782	66019
31	BN09	NC32	BJW04−31	167°08′03″W	84°10′59″	08−05 15:05	2500	200	68729	69554
32	BN10	NC36	BJW04−32	178°36′48″W	85°29′43″	08−06 10:50	2500	200	71635	72512
33		NW31	BJW04−33	174°44′05″W	86°50′57″	08−12 01:00	4000	200	2875	3374
34		NW32	BJW04−34					0−50		
35		NW33	BJW04−35					50−100		
36	IS06 (1)	NW34	BJW04−36	174°44′05″W	86°50′57″	08−12 04:00	4000	100− 200	MultiNet	
37		NW35	BJW04−37					200− 500		
38		NW36	BJW04−38					500− 1000		
39		NW37	BJW04−39					0−50		
40		NW38	BJW04−40					50−100		
41	IS06 (2)	NW39	BJW04−41	172°35′54″W	86°49′49″	08−13 19:10	4000	100− 200	MultiNet	
42		NW40	BJW04−42					200− 500		
43		NW41	BJW04−43					500− 1000		
44		NW42	BJW04−44					0−50		
45		NW43	BJW04−45					50−100		
46	IS06 (3)	NW44	BJW04−46	172°27′50″W	86°50′48″	08−14 01:00	4000	100− 200	MultiNet	
47		NW45	BJW04−47					200− 500		
48		NW46	BJW04−48					500− 1000		

序号 #	站位 Name	采样瓶号 Name of bottle	标本编号 Name of Specimens	经度 longitude	纬度 Latitude	采集时间 Date and Time	水深 Depth (m)	绳长 Length (m)	流量计起始读数 Flowmeter Begain	流量计末读数 Flowmeter End
49		NW47	BJW04−49					0−50		
50		NW48	BJW04−50					50−100		
51	IS06 (4)	NW49	BJW04−51	171°58′41″W	86°51′11″	08−14 12:10	4000	100−200	MultiNet	
52		NW50	BJW04−52					200−500		
53		NW51	BJW04−53					500−1000		
54	M03	NW52	BJW04−54	171°47′41″W	76°30′51″	08−27 09:15	2300	200	1004	1920
55	BN13	NW01	BJW04−63	176°53′39″W	88°24′18″	08−21 05:45	3960	200	75452	76225
56	SR22	NW02	BJW04−55	170°38′43″W	83°44′52″	08−23 19:20	2500	200	83616	84491
57	SR20	NW03	BJW04−56	169°01′19″W	81°57′03″	08−24 14:10	3400	200	86663	87488
58	SR18	NW04	BJW04−57	169°05′35″W	80°00′30″	08−25 14:30	3400	200	89845	90874
59	SR17	NW05	BJW04−58	168°54′14″W	79°01′55″	08−26 00:00	3060	200	93495	94683
60	SR16	NW06	BJW04−59	168°55′40″W	77°59′20″	08−26 09:35	657	200	101190	102296
61	M01	NW07	BJW04−60	172°05′16″W	77°30′54″	08−26 17:00	2300	200	4506	5498
62	M04	NW08	BJW04−61	171°57′20″W	76°00′01″	08−28 14:15	2010	200	11726	12311
63	M06	NW09	BJW04−62	172°01′35″W	75°19′23″	08−29 03:05	790	200	16700	17697

附件 11　中国第 4 次北极科学考察浮游动物种名录

序号 Serial number	纲 Class	目 Order	科 Familly	属 Genus	种 Species	拉丁名 Scientific name	分布海区 Distribution Area
Acartia longiremis	Maxillopoda	Calanoida	Acartiidae	Acartia	longiremis	Acartia longiremis	白令海、楚科奇海
Chirundina streetsii	Maxillopoda	Calanoida	Aetideidae	Chirundina	streetsii	Chirundina streetsii	白令海、楚科奇海
Calanus glicialis	Maxillopoda	Calanoida	Calanidae	Calanus	glicialis	Calanus glicialis	楚科奇海、楚科奇海台 / 加拿大海盆
Calanus hyperboreus	Maxillopoda	Calanoida	Calanidae	Calanus	hyperboreus	Calanus hyperboreus	楚科奇海台 / 加拿大海盆
Eucalanus bungii	Maxillopoda	Calanoida	Calanidae	Eucalanus	bungii	Eucalanus bungii	白令海、楚科奇海
Centopages abdominalis	Maxillopoda	Calanoida	Centropagidae	Centopages	abdominalis	Centopages abdominalis	白令海、楚科奇海
Pseudocalanus newmani	Maxillopoda	Calanoida	Clausocalanidae	Pseudocalanus	newmani	Pseudocalanus newmani	白令海、楚科奇海、楚科奇海台
Pseudocalanus minutus	Maxillopoda	Calanoida	Clausocalanidae	Pseudocalanus	minutus	Pseudocalanus minutus	白令海、楚科奇海、楚科奇海台
Pseudocalanus sp.	Maxillopoda	Calanoida	Clausocalanidae	Pseudocalanus			白令海、楚科奇海、楚科奇海台
Clausocalanus furcatus	Maxillopoda	Calanoida	Clausocalanidae	Clausocalanus	furcatus	Clausocalanus furcatus	白令海、楚科奇海、楚科奇海台
Microcalanus pygmaeus	Maxillopoda	Calanoida	Clausocalanidae	Microcalanus	pygmaeus	Microcalanus pygmaeus	楚科奇海台 / 加拿大海盆
Paraeuchaeta glicialis	Maxillopoda	Calanoida	Euchaetidae	Paraeuchaeta	glicialis	Paraeuchaeta glicialis	楚科奇海台 / 加拿大海盆
Metridia longa	Maxillopoda	Calanoida	Metridinidae	Metridia	longa	Metridia longa	楚科奇海台 / 加拿大海盆
Mertidia lucens	Maxillopoda	Calanoida	Metridinidae	Metridia	lucens	Mertidia lucens	白令海
Oithona similis	Maxillopoda	Cyclopoida	Oithonidae	Oithona	similis	Oithona similis	楚科奇海台 / 加拿大海盆
Scolecithricella minor	Maxillopoda	Calanoida	Scolecitrichidae	Scolecithricella	minor	Scolecithricella minor	白令海、楚科奇海
copepod nauplli	Maxillopoda	Calanoida					白令海、楚科奇海

序号 Serial number	纲 Class	目 Order	科 Familly	属 Genus	种 Species	拉丁名 Scientific name	分布海区 Distribution Area
Harpacticoida	Maxillopoda	Harpacticoida					楚科奇海台／加拿大海盆
Sapphrina spp.	Maxillopoda	Poecilostomatoida	Sapphirinidae	Sapphrina			楚科奇海台／加拿大海盆
Anthomedusae	Hydrozoa	Anthomedusae					白令海、楚科奇海
Euphysora bigelowi	Hydrozoa	Anthoathecata	Corymorphidae	Euphysora	bigelowi	Euphysora bigelowi	白令海、楚科奇海
Rathkea octopunctata	Hydrozoa	Anthoathecata	Rathkeidae	Rathkea	octopunctata	Rathkea octopunctata	白令海、楚科奇海
obelia longissina	Hydrozoa	Leptomedusae	Campanulariidae	obelia	longissina	obelia longissina	白令海、楚科奇海
Aglantha digital	Hydrozoa	Trachymedusae	Rhopalonematidae	Aglantha	digital	Aglantha digital	白令海、楚科奇海
Sagitta elegant	Sagittoidea	Aphragmophora	Sagittidae	Sagitta	elegant	Sagitta elegant	白令海、楚科奇海
Polychaete	Polychaeta						白令海、楚科奇海、楚科奇海台／加拿大海盆
nectochaete	Polychaeta						白令海、楚科奇海、楚科奇海台／加拿大海盆
Tomopteris sp.	Polychaeta	Aciculata	Tomopteridae				白令海、楚科奇海、楚科奇海台／加拿大海盆
Euphausiacea	Malacostraca	Euphausiacea					白令海、楚科奇海、楚科奇海台／加拿大海盆
Gammaridea	Malacostraca	Amphipoda					白令海、楚科奇海、楚科奇海台／加拿大海盆
Macrura	Malacostraca						白令海、楚科奇海、楚科奇海台／加拿大海盆
Brachyura	Malacostraca						白令海、楚科奇海、楚科奇海台／加拿大海盆
Oikopleura vanhoffeni	Appendicularia	Copelata	Oikopleuridae	Oikopleura			白令海、楚科奇海、楚科奇海台／加拿大海盆

续表 11

序号 Serial number	纲 Class	目 Order	科 Familly	属 Genus	种 Species	拉丁名 Scientific name	分布海区 Distribution Area
Balanus larva	Maxillopoda	Sessilia	Balanidae	Balanus			楚科奇海
Balanus cypris larva	Maxillopoda	Sessilia	Balanidae	Balanus			楚科奇海
Clione limacina	Gastropoda	Gymnosomata	Clionidae				楚科奇海台／加拿大海盆
Gastropods larva	Gastropoda						白令海、楚科奇海、楚科奇海台／加拿大海盆
Amphipoda	Malacostraca	Amphipoda					白令海、楚科奇海、楚科奇海台／加拿大海盆
Ostracods	Ostracoda						白令海、楚科奇海、楚科奇海台／加拿大海盆